本书获得南昌大学"双一流"博士点建设专项经费的资助

U0198945

基于水环境承载力的排污权初始分配研究

RESEARCH ON THE INITIAL ALLOCATION OF
POLLUTION DISCHARGE RIGHTS BASED ON WATER
ENVIRONMENTAL CARRYING CAPACITY

邓群钊　张志强 ◎ 著

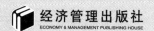

经济管理出版社
ECONOMY & MANAGEMENT PUBLISHING HOUSE

图书在版编目（CIP）数据

基于水环境承载力的排污权初始分配研究/邓群钊，张志强著 . —北京：经济管理
出版社，2023. 11
ISBN 978-7-5096-9462-6

Ⅰ. ①基⋯　Ⅱ. ①邓⋯ ②张⋯　Ⅲ. ①水污染物—排污交易—研究—中国　Ⅳ. ①X52

中国国家版本馆 CIP 数据核字（2023）第 221891 号

组稿编辑：杜　菲
责任编辑：杜　菲
责任印制：许　艳
责任校对：陈　颖

出版发行：经济管理出版社
　　　　　（北京市海淀区北蜂窝 8 号中雅大厦 A 座 11 层　100038）
网　　址：www. E-mp. com. cn
电　　话：（010）51915602
印　　刷：唐山昊达印刷有限公司
经　　销：新华书店
开　　本：720mm×1000mm/16
印　　张：17. 5
字　　数：269 千字
版　　次：2024 年 1 月第 1 版　　2024 年 1 月第 1 次印刷
书　　号：ISBN 978-7-5096-9462-6
定　　价：88. 00 元

总　序

南昌大学是国家"双一流"计划世界一流学科建设高校，是江西省唯一的国家"211工程"重点建设高校，是教育部与江西省部省合建高校，是江西省高水平大学整体建设高校。2014年5月，南昌大学管理学院成立，学院由管理科学与工程、图书情报与档案管理、信息管理与信息系统三个老牌学科组成。管理科学与工程学科，具有从本科专业、一级学科硕士学位授权点到一级学科博士学位授权点、博士后流动站的完整体系，是江西省"十二五"重点学科。因此，在学科建设方面，管理学院在设立之初就奠定了雄厚基础。

南昌大学管理学院第一任领导班子中，彭维霞书记雷厉风行，涂国平院长沉着稳重。在他们的带领下，管理学院迈入了发展新征程，在教学、科研、社会服务、人才培养等方面均取得了显著成效。2019年，感谢组织信任、领导推荐和同事支持，本人有幸成了管理学院的第二任院长。感恩于前辈打下的基础，我辈少了筚路蓝缕的艰辛，却多了任重道远的压力；得益于前辈创设的体制，我辈继承了艰苦奋斗与稳健发展的精神，却也感受到了更多对于创新发展的期盼。

当前，管理学院存在规模小、底子薄、知名度不高的问题，南昌大学管理科学与工程学科在学科排名中落后于诸多"985"高校的相关学科。为此，本人时常思考如何推动学院奋起直追、实现跨越式发展，并颇有心得。

学科建设是学院发展之本。2017年，我国开始统筹推进世界一流大学和一流学科建设，南昌大学仅有1个学科入列。管理科学与工程学科离

"世界一流"这一目标还有遥远距离。但是，"双一流"建设为管理学院管理科学与工程学科的发展，指明了方向、带来了机遇。管理学院的追赶式发展，需要以学科建设为抓手，在学科带头人与学科团队建设、科研平台与教学基地建设、高质量和有特色的学科品牌建设等方面做文章、争成效。

学术研究是学院发展之基。学术研究能力是学科发展的硬实力。在学校排名、学科评估、学术资源配置等方面，学术研究成果一直都是关键业绩指标。全面提升学院教师的学术研究能力、专心打造具有国际和国内影响力的高水平科研成果，是管理学院突破话语权壁垒、实现跨越式发展的战略要点。在学院内培养学术意识、推广研究型文化、引导和激励卓越研究成果的诞生，应该始终作为学院科研管理工作的重心。

人才培养是学院发展之魂。高校，是高级人才培养的重要基地。人才培养，既包括学生的培养，也包括学者的培养。大学之魂，不在"大"，而在"学"——学生、学者与学术，共同构成了大学。因此，管理学院的未来发展，既寄托在优秀在校生的培养以及优秀毕业生的回馈之上，也寄托在培育大师、培养国家级与省级拔尖人才、引进具有学术追求和研究能力的青年学者之上。学院是全体师生的学院，需要全体师生的共同努力，也希望能够成为全体师生共同成长的沃土。

思想宣传是学院发展之路。南昌大学管理学院，一直都在"默默无闻"地发展。然而，作为哲学社会科学的一员，管理学科理应承担反映民族思维、发扬精神品格、宣传思想文化、服务国家智库、繁荣社会发展的使命。很多高校的经济与管理学院之所以能在学校发展中举足轻重，正是因为占领了思想宣传和服务社会的高地。南昌大学管理学院，需要领会习近平主席在哲学社会科学工作座谈会上的讲话精神，加强和改进宣传思想文化工作，全心培养"文化名家"、"四个一批"人才和"宣传思想文化青年英才"，在思想宣传和社会服务方面勇创佳绩。

品牌塑造是学院发展之志。高校之间的竞争，不亚于企业竞争，品牌塑造同样是高校之间竞争制胜的重要法宝。南昌大学管理学院，急需在人才培养、学术研究、社会服务等各方面提升能力、培育优势、凝练特色、塑造品牌，走差异化发展道路，才有可能"变道超车"，实现跨越。加强品牌塑造，既需要高水平学术研究成果和大师级学者等硬实力作为支撑，也需要特色、文化、制度改革等方面的软实力提供支持。

正是基于上述考虑，本人在担任管理学院院长之后，开始着手规划和布局，而这套"南昌大学管理科学与工程博士点学术研究丛书"的组织出版，正是学院围绕学科建设、学术研究、人才培养、思想宣传和品牌塑造等目标而实施的一项集体行动。希望能通过丛书出版，加强南昌大学管理学院的学术传播与品牌推广，激励管理学院全体教师的学术研究与成果发表，为南昌大学管理科学与工程学科的建设做出贡献。

在此，感谢南昌大学对管理学院发展的重视，并将管理科学与工程博士点列入学校学科建设的支持项目，学校的经费支持资助了本套丛书的出版；感谢管理科学与工程系师生的辛勤工作与创造性努力，本套丛书所发表的研究成果都是他们学术探索的劳动结晶，是他们的工作促成了本套丛书的顺利出版。

本套丛书包括以下学术专著。它们可以归纳为科技创新与知识管理、农业经济与生态管理、系统动力学、物流与供应链管理、政府政策与社会管理五个方向。

科技创新与知识管理方向，包括喻登科教授的《科技成果转化知识管理绩效评价研究》、《知性管理：逻辑与理论》，陈华教授的《科技型中小企业协同创新策略研究》，罗岚副教授的《重大工程复杂性与治理研究》以及林永钦副教授的《可持续食物消费模式：基于综合足迹的研究》。

农业经济与生态管理方向，包括徐兵教授的《城乡协调发展下中部地区农村经济系统重构》，傅春教授的《绿色发展蓝皮书》，毛燕玲教授的《非营利性农村基础设施融资机制》以及邓群钊教授的《基于水资源承载力的排污权初始分配研究》。

系统动力学方向，包括刘静华教授的《农业系统动力学》和祝琴副教授的《系统动力学建模与反馈环分析理论与应用研究》。

物流与供应链管理方向，包括徐兵教授的《农产品供应链运作与决策——基于PYO模式的研究》以及谢江林副教授的《资金约束供应链系统分析与决策》。

政府政策与社会管理方向，包括石俊博士的《政府财政支出与经济高质量发展》、林智平副教授的《税收政策与企业融资策略研究》以及佘伟副教授的《高管团队断裂带与企业风险承担》。

这五个方向基本囊括了南昌大学管理学院管理科学与工程学科的主要研究领域。我们在硕士与博士的招生与培养、学术团队与学科建设等方面，都主要是从这几个研究方向加以推进。其中，系统工程与系统动力学是南昌大学管理科学与工程学科的特色方向。

欢迎对这些研究方向感兴趣的学者与同行来南昌大学管理学院交流，欢迎对相关领域有需求的企业提供合作机会，欢迎在这些研究方向有发展潜力的青年博士能加入我们的研究队伍，欢迎有志于从事这些研究方向的同学能够报考南昌大学管理科学与工程专业的硕士与博士。南昌大学管理学院将始终秉承开放创新的理念，欢迎你们的交流与指导，也接受你们的批评与指正。

正因为有你们的支持，我相信，南昌大学管理学院会越办越好。

南昌大学管理学院院长

2020年4月20日

前　言

　　改革开放以来，中国经济取得了举世瞩目的成就，成为世界第二大经济体。然而，在经济高速增长的同时，水污染问题日益严峻，严重地威胁着我国的水资源和水环境安全。在这种情景下，传统的基于水体纳污能力测算的水环境承载力及总量控制难以融合经济社会发展，必须基于水生态功能分区，推进由目标总量控制向以水环境承载力为核心的总量控制转变。同时，排污权初始分配不仅是衔接总量控制和排污权交易制度顺利实施的关键，而且是改善区域水环境承载力的重要举措和途径，初始分配总量调配及其分配技术的改变会影响区域水环境承载力的供容能力和水资源要素配置效率。针对排污权初始分配调控未考虑区域水环境承载力系统中各污染源协同减排效应和分配技术不利于水资源要素优化配置的现状，开展基于区域水环境承载力的排污权初始分配研究，有助于从水生态修复、水污染治理、水环境管理模式调整等方面促进区域水环境承载力提高，这也是支撑区域高质量发展的必然要求和重要途径。本书基于生态现代化理论、水环境承载力理论、环境资源产权理论，以 Z 县为研究对象，构建基于水环境承载力评估的排污权初始分配技术，融合经济社会、污染负荷、水资源、水环境、水生态等指标，通过水环境承载力调控和点面源协同控制，以水环境承载力为纽带有机衔接水环境质量改善和经济社会发展。

　　本书研究结构如下：

　　第一章是绪论部分。提出了本书的研究背景——排污权初始分配的现实问题和理论问题，指出研究基于水环境承载力的排污权初始分配的必要性和重要意义，提出"水生态功能分区→水环境承载力评估→排污权储备与调配→排污权分配"的研究思路，以期构建一个基于水环境承载力、点面源协同控制、污染减排成本低、环境资源效益好的区域排污权初始分配治理体系。

第二章是研究现状与理论基础部分。以水环境承载力和排污权初始分配为主题，综述、分析了国内外的研究现状，并就研究涉及的理论基础进行阐述，为本书的研究提供丰富的文献资料，打下坚实的理论基础。

第三章是在问题识别和文献梳理基础上展开的，系统地阐述了排污权初始分配体系框架涉及的基本原则、方法路线、实施机制及关键技术等内容，从总体上深入剖析了各部分研究内容的逻辑关系。

第四章是对研究对象进行水生态功能分区和污染状况分析，通过水生态功能分区确定重点管控单元的水环境管控要求，为提升水环境承载力实施差异化、精细化的管控措施提供依据。同时，对各典型分区污染状况进行深度剖析，进一步印证研究逻辑的合理性和有效性。

第五章分别从纳污能力和支撑能力两个角度对水环境承载力进行综合评估，为区域水环境承载力提升及预警奠定基础，为排污权初始分配和排污权调控提供依据。

第六章基于多目标情景系统动力学模型的排污权流转调配耦合技术，围绕水环境承载力"减排"和"增容"两条主线，以断面水质达标、承载力不超载、资源效益最优、减排成本最低为目标，以行政总量控制与市场交易手段相结合，构建排污权初始分配系统动力学模型优化减量调配，并设置不同情境对综合调控方案进行系统仿真，为超载典型分区提升排污权分配效能提供切实可行的管控思路。

第七章针对当前排污权初始分配技术欠科学、生态环境领域"行政—技术—市场等"机制尚未形成合力等问题，突破基于水环境容量单一维度的排污权初始分配，构建以水环境承载力为基础组合污染治理、资源效益、经济社会贡献等绩效的行业排污权分配技术，并形成丰水期、平水期、枯水期等不同时间尺度的差异化排污权初始分配方案。

第八章在前文分析的基础上，进一步对行业内企业分配效率进行评价，在行业总量控制目标约束下，根据效率评价结果对企业 COD 排放权分配量进行调整，直到所有企业均实现最优效率。

第九章是研究总结部分。基于水环境承载力的排污权初始分配设计符合中国水环境治理政策要求，使得水环境治理和经济发展良性互促，推动水环境质量得到改善，提高排污主体治污的内生化行为动机，最后指出进一步研究方向。

随着我国环境治理力度不断加强，有关环境治理效能受到越来越多的重视。尤其是政府部门和专家学者将更为关注如何有效设计环境政策体系，以实现经济持续增长和环境质量提高的双重红利。因此，对于我国规制型环境工具在水环境治理实践中出现的新问题、新方向，我们将持之以恒地研究。

在本书出版之际，要感谢浙江省生态环境低碳发展中心邀请参加国家水专项课题的研究。感谢南昌大学的郑博福教授对研究工作的指导，感谢詹翔、范焰焰、彭绍林和任玲敏等人参与全书的研究，感谢他们为此付出的辛勤劳动。

本着严谨求实的态度，我们查阅了大量的国内外文献资料，多次实地考察研究区域水环境状况，调研各污染源强污染排放情况，并咨询江西省经贸委、农业局等有关政府部门及专家，争取为我国政府环境政策设计做出一点微薄的贡献，但由于学识和水平有限，书中难免存在不足甚至错误，诚挚地欢迎读者提出批评和建议，督促我们不断深化相关领域的研究，协力提高我国水环境治理效能。

目　录

第一章
绪 论

第一节　研究背景与意义

一、研究背景

水是人类赖以生存的必要物质，也是工农业生产、社会经济发展和环境改善必不可少的自然资源。我国是一个严重干旱缺水的国家，全国城市缺水总量为 60 亿立方米，人均水资源量贫乏，仅为 2200 立方米，约为世界人均水平的 1/4，并且时空分布极不均衡、旱涝灾害频繁。同时，随着人们对水资源开发强度逐渐增大，水资源在变得日趋紧张的同时也伴随着频繁暴发的酸雨、水体大面积污染、淡水资源短缺等水资源环境问题，水资源、水环境危机将成为人类 21 世纪最大的威胁。《中国水资源公告》显示，2018 年我国废污水排放总量达到了 750 亿吨，河流、湖泊、水库和浅层地下水中 Ⅰ ~ Ⅲ 类水占比为 81.6%、25.0%、87.3% 和 23.9%；Ⅳ ~ Ⅴ 类以及劣 Ⅴ 类水的占比为 18.4%、75.0%、12.7% 和 76.1%。在全国 121 个湖泊和 1129 座水库中，富营养湖泊占 73.5%、富营养水库占 30.4%。

经济与生态如何协调发展成为严峻的全球性问题。水环境作为影响社会经济发展的关键因素，其承载能力及状态对地区发展起着至关重要的作用。随着社会经济的快速发展和人口的增长，农业、工业和城市对水资源的需求量日益增加，污染排放导致的水污染问题日益严重，生态维护水量不足，环境保护措施缺少等引起的水环境问题日显突出，从而使区域的持续发展受到严重阻碍。为了解决这一问题，国内外学者开始采用水环境承载力来衡量区域发展的限值，并根据水环境承载能力的高低来衔接区域水环境治理，以实现区域水资源可持续利用。

县域水环境承载力评估是我国水污染防治行动计划的目标要求之一，是实现区域排污权初始分配技术的重要基础。大多数学者研究水环境承载力时，多为大尺度分析，研究对象多为省域或某个大的流域，县域尺度的研究非常少，河网地区县域水环境承载力研究鲜见报道。Z县是太湖流域典型的河网地区，目前尚无针对Z县水环境承载力的研究，不利于其可持续发展。同时，Z县地处三省交界，东邻太湖，农业种植面积广，涉水企业众多。由于Z县为平原河网地区，水系特性复杂，流动缓慢，水体自净能力差，更应对其水环境承载力进行评估分析，及时制定相应策略，使其开发程度始终控制在可承受范围内，以满足Z县可持续发展的要求，为当地差异化排污权初始分配提供理论依据。

排污权初始分配作为区域水环境治理的有效手段，通过对区域固定污染源排放总量限定和合理分配改善水环境质量，是区域固定源排污权制度和排污权交易制度顺利实施的关键。虽然我国排污权管理经历了30多年发展，但由于现行排放标准和总量管控的是溶度限值，排污权核发单纯依据行业企业核发规范、区域标准或环评测算量，水环境管理目标总量控制未与水质响应关联，排污权初始分配未与水环境承载力相耦合，仍未能达到经济社会发展新常态下对水环境保护的预期效果。2015年，国务院印发的《水污染防治行动计划》提出，要充分考虑水资源、水环境承载能力，以水定城、以水定地、以水定人、以水定产，建立水资源、水环境承载能力监测评价体系，实行承载能力监测预警，已超过承载能力的地区要实施水污染削减方案，加快调整发展规划和产业结构。2020年"十四五"规划更是提出强化污染物协同控制的要求。同时，由于我国长期重点关注工业点源的排放控制，随着固定污染源排污权制度的实施，基于水质的排放标准将日趋严格，工业点源边际减排成本会越来越高，减排挖潜空间日趋缩小。相对而言，农业面源污染没有实施严格的控制标准和强制性减排要求，总体上减排成本较低，减排空间较大。通过面源减排挖潜支撑区域战略性新兴产业发展，反过来运用工业产业发展增量反哺面源、农业生活源的污染治理，基于区域水环境承载力的点面源污染物排放总量协同控制势在必行。同时，排污权初始分配结果事关企业切身利益，直接影响区域水环境资源的配置效率，其分配技术的科学性、有效性至关重要。

近年来，国内学者从省际、市县及企业等不同尺度层面开展了排污权初始分配研究。省际间研究主要以辽河流域、太湖流域和淮河流域流经省份作为分配对象，基于公平和效率的原则，依据各流域限排总量，分别考虑环境、经济、社会、科技等因素确定排污权初始分配方案。市县间研究主要集中在淮河流域江苏段、渭河流域陕西段、鄱阳湖流域11个地级市及黑龙江和吉林各市，以各省份污染排放控制指标为排污权分配总量，分别考虑人口、自然、经济、环境等因素确定排污权初始分配方案。企业间主要考虑企业发展、污染处理技术、产值、研发投入、就业人数、缴纳税收等因素确定排污权初始分配方案。同时，从地方政府实践现状分析，排污权初始分配主要以历史数据法、等比例削减法、排放绩效法等方法进行指标配额分配。从这些方法目前的应用来看，虽然可操作性强，但是存在诸多问题。历史数据法主要以历史数据和企业自主申报为基准，缺乏公平性，不利于调动企业自主减排的积极性，难以实现环境资源的优化配置。等比例削减法主要参考企业历史排放量，没有考虑企业的生产工艺以及治污水平的差异性。排放绩效法不适于不同行业之间的分配，仅仅考虑效率而忽视其他影响因素，分配结果差距大。这些研究为区域排污权初始分配提供了重要的方法、理论借鉴和实践指导。但总体而言，前期研究存在排污权初始分配总量控制没有直接考虑区域水环境质量现实情境，忽视农业面源等其他污染源强减排对工业发展的影响，排污权初始分配技术未考虑企业所属行业发展规划、国家产业政策等因素，不利于产业结构优化，难以实现水质达标和促进区域经济发展的目标。

因此，开展基于区域水环境承载力的排污权初始分配研究，从点面源污染协同减排挖潜和水动力水生态增容调控区域水污染排放总量，综合考虑治理技术、资源效益、经济社会贡献和分配效率等因素优化排污权初始分配技术将有助于促进城乡协调发展，优化产业结构调整，提高区域水资源利用效益，实现工业反哺农业的可持续发展。鉴于此，本书以区域水环境承载力评估结果为基础，从排污权初始分配调控机理分析入手，构建排污权初始分配系统，并对排污权进行初始分配优化，为区域水污染治理和经济社会协调发展提供参考借鉴。

二、研究意义

（一）学术价值

从构建河网地区水环境承载力评价指标体系出发，测量和评价县域水环境状况，为因地制宜地治理县域水环境打下基础；在考虑水环境承载力约束的基础上，探讨各排污主体之间的相互关系，通过点面源协同治理论证排污权初始分配对县域生态、经济发展的影响，有助于系统思考"河长"治理的逻辑；构建分级的排污权初始分配体系和模型，为排污权分级分配研究提供新思路，丰富和发展了排污权分配的理论与方法。

（二）实践价值

以 Z 县为研究对象，采用 DPSRE 模型对 Z 县水环境承载力进行评估分析，找出制约 Z 县水环境承载力的因素，并针对所发现的问题提出相应的改善措施。同时，从系统的角度构建基于水环境承载力的排污权初始分配系统，将经济发展和水环境承载力衔接起来，综合考虑水环境、水资源、水生态及社会经济发展等因素进行排污权初始分配调控，重点对区域企业进行排污权初始分配优化。该项研究不仅丰富了平原河网地区的县域水环境承载力研究，还创新性地把水环境承载力与排污权初始分配衔接起来考察排污权初始分配的经济发展与生态效应，提升排污权初始分配的科学化、精细化水平，为县域水环境质量改善和稳定达标提供技术支撑。

第二节 研究思路与研究内容

一、研究思路

区域水环境承载力是一个由生态系统支撑的资源、人口、经济社会相互联系和作用的循环系统，内涵上体现为三个子系统的三种能力，即水生态子系统的支撑能力、水资源子系统的供容能力和经济社会子系统的发展能力。水资源子系统对经济社会子系统的供容能力影响经济社会子系统的持续发展，经济社会子系统排放的水污染物扰动水生态子系统自我维持、调节和抗扰动的能力进而影响水资源子系统的供容能力。排污权初始分配管控措施对区域水环境承载力的影响包括直接和间接两方面，前者指通过污染排放总量控制影响水资源的供容能力和水生态的支撑能力，后者指通过排污权初始分配技术影响区域水资源要素的配置效率，进而影响区域经济社会发展，从而引起区域水环境承载力的改变。排污权初始分配对水环境承载力的影响机理如图1-1所示。

统筹Z县水资源、水生态、水环境，按照"一点两线"框架思路分析和解决各功能区水生态环境保护问题，以水环境承载力评估为基础，有机衔接环境质量改善和经济社会发展，构建基于水环境承载力的区域排污总量核定方法。以断面水质达标、承载力提升、减排成本最低为目标进行削减分配，不超载情况以"双达标"为前提实现区域经济最优发展目标，创新构建以水环境承载力为基础，污染治理、资源效益、经济社会贡献等组合绩效的排污权分配技术；对水环境承载力分为超载区、未超载区及临界

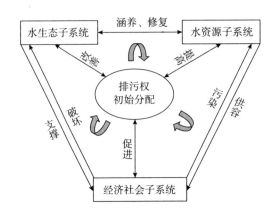

图1-1　排污权初始分配对区域水环境承载力的影响机理

超载区，结合区域水环境质量改善目标、季节性特征，通过水环境承载力调控与多目标优化，进行点面源综合调控，实现差异化精细化的排污权管理。具体研究思路如下：

首先，基于对水环境承载力内涵的理解，从经济社会、水资源、水生态、土地功能和水管理五个维度构建水环境承载力指标体系，对Z县水环境承载力进行评价。

其次，基于Z县水环境承载力评价结果，运用系统思维构建排污权初始分配模型，从"控污、治污、扩容"三个角度探讨各排污主体行为影响下排污权初始分配的经济与生态协调发展问题。

再次，以流域承载力提高和水质"双达标"为目标，构建融合污染治理技术、环境资源效益、经济社会贡献等因素的多目标绩效组合排污权初始分配技术，按照"水生态功能分区→行业→企业逐级分配"的思路，确定多目标组合绩效分配方案，结合排污权交易市场机制激发企业实施生产—治理—排放全过程减排的内生动力，引导水环境资源向效益更好的领域流动。

最后，通过改变区域水环境承载力系统的运行效率，在保证"水生态保护红线、水资源利用上线、水环境质量底线和环境准入负面清单"前提下形成一个基于水质管理目标、点面源协同控制、污染减排成本低、环境资源效益高的区域排污权初始分配治理体系。

二、研究内容

（一）水环境承载力评价

通过构建 DPSRE 指标模型，开展 Z 县水环境承载力评估，对 Z 县水环境承载力进行时空分析，并根据分析结果提出 Z 县水环境承载力的改善措施。具体研究内容如下：①对 Z 县区域现状进行分析，了解 Z 县自然环境情况、经济社会发展水平、水环境质量状况以及水环境存在的问题。②构建以"驱动力—压力—状态—响应—效益"为主线的评估指标体系框架，采用频度统计法和专家咨询法对评估指标进行初选，利用定性分析和定量分析相结合的方法对初选指标进行筛选，完善评估指标体系；确定指标的评估标准、权重和综合评估值，对 2010~2018 年 Z 县、2018 年 Z 县各个水生态功能分区以及 2018 年 Z 县各个水生态功能分区丰水期、平水期、枯水期不同水期的水环境承载力进行评估分析。③通过对 Z 县水环境承载力的评估分析，总结 Z 县水环境承载力发展的优势和劣势，提出促进其发展的建议和对策。

（二）基于水环境承载力的排污权初始分配系统构建

在考虑水环境承载力约束下，构建排污权初始分配系统动力学模型，进行 SD 模型仿真与政策模拟以及对不同典型区域进行系统方案的模拟与调控分析，选取成本效益较高的方案，并将方案进行排序。具体研究内容如下：①根据研究内容 1，构建了水环境承载力系统的概念模型，基于排污权初始分配建立了主导结构模型，充分表达了系统内部的主要因果关系，进而建立系统动力学模型。②基于"控污、治污、扩容"三个不同的视角讨论行业排污行为发生变化及政府行为对行业、污水处理厂、生态系统等产生影响时，基于排污权初始分配的经济与生态协调发展问题，将"控污、治污、扩容"归于行业控污模式、技术水平改善模式、生态改善模式三种。基于以上三种模式分析各个模式中的敏感因素，选择合适的政策干预点并进行方案设计，仿真选出合适的调控方案，为区域实行水污染治理策略提供理论依据和决策参考。

（三）排污权初始分配研究

采用山区性河流一维模型对各水功能分区确定水环境容量与污染物限排总量。工业点源采用数据统计法，规模化养殖点源、农业面源与生活源采用输出系数法进行污染物负荷总量核定。采取"水生态功能分区→行业→企业"的多层级分配路线，对分配区域水环境承载力的评估结果进行不同情境分类，并将工业点源的排污权进行不同水期（全年、丰水期、平水期、枯水期）的精细化分配。同时，对于超排时期采用绩效差异化方法对污染物削减，并提出水环境承载力调控策略。确保在区域总量控制目标前提下，实现区域经济发展与水环境质量持续改善的目标。

第三节　创新之处

本书的创新之处有四个方面：

第一，排污权初始分配是当前治理水环境污染的热点模式，但传统的排污权初始分配并未考虑水环境承载力，本书在水环境承载力的约束下考虑基于排污权初始分配的生态与经济协调发展的问题。从研究内容上看，具有创新性与前沿性，丰富了水环境承载力与排污权初始分配相结合的相关研究。

第二，通过系统动力学的反馈控制特点，针对性地对研究区域的各行业进行政策干预，实现产业结构调整的优化。

第三，将以行政目标总量控制为核心的研究思路转变为以水环境承载力目标总量控制为核心，同时贯彻以"双达标"为目标的水环境控制理念。排污权初始分配注重操作性、更加兼顾公平与效率。

　　第四，现有研究对于排污权的多层级精细化分配，尤其是在企业间微观层面的分配还处于空缺状态，本书采取"水生态功能分区→行业→企业"的分配路线，划分不同的分配情境，构建分配总量确定模型与实际分配方案，对研究区域的工业点源进行不同水期（全年、丰水期、平水期、枯水期）的精细化排污权初始分配。

第二章
研究现状与理论基础

　　水环境承载力评估和排污权初始分配一直是国内外学术界关注的热点问题。本章从水环境承载力如何与排污权初始分配相衔接促进经济社会生态可持续性发展的核心问题出发，首先对前人研究文献进行计量分析；其次在文献计量、可视化分析和文献判读的基础上，对水环境承载力和排污权初始分配有关研究进展进行梳理。

第一节　研究现状

　　本节对 Web of Science 与 SCI、EI、北大核心、CSSCI 数据库中水环境承载力评估和排污权初始分配的论文发表情况进行统计及分析，了解水环境承载力评估和排污权初始分配研究的发展历程，客观反映当前该领域的研究现状，同时借助知识可视化工具 CiteSpace 对数据进行文献共被引与关键词共现分析，探讨水环境承载力评估和排污权初始分配的理论基础和研究热点。

一、水环境承载力研究现状

　　国外文献选取 Web of Science 核心集合作为来源数据库，以"water environment carrying capacity" 为主题，以 2002~2022 年为时限进行检索，共得到 2295 条文献记录，本节选取其中的研究论文（Article）1860 条文献，并经 CiteSpace 内置 MYSQL 数据库初步处理后，作为本书分析数据。

国内文献选取 SCI、EI、北大核心、CSSCI 为检索数据库，通过以"水环境承载力"为主题，以 2002~2022 年为时限进行检索，共得到 828 条文献记录，作为本书分析数据。

图 2-1 是以单一年份为统计单位得到的 2002~2022 年水环境承载力研究领域文献数量，其中，（a）为 Web of Science 数据库核心合集收录的文献

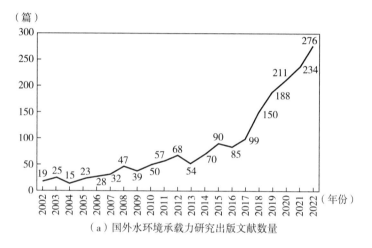

（a）国外水环境承载力研究出版文献数量

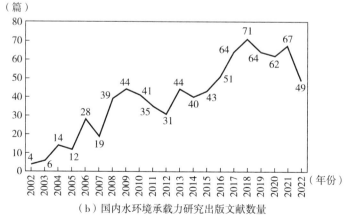

（b）国内水环境承载力研究出版文献数量

图 2-1　水环境承载力研究每年出版文献数量

数量，（b）是为 SCI、EI、北大核心和 CSSCI 数据库收录的文献数量，在一定程度上直观、明了地呈现出水环境承载力领域的研究进展情况。

由图 2-1（a）可知，水环境承载力的国外发文量从 2002 年的 19 篇到 2022 年的 276 篇，整体上呈现出稳步上升趋势，年均增长率约为 14%。可见该领域的研究热度仍在持续升温，今后将会有更多研究成果。图 2-1（b）则呈现出国内发文量波动增长趋势，年均增长率约为 13%。可见国内对该领域的研究正处于发展波动期。同时，2015~2019 年，国内关于该领域的发文量持续上升，分析发现，2016 年，中共中央办公厅、国务院办公厅印发《关于全面推行河长制的意见》，关于河长治理工作的研讨逐步增多，刺激了相关学者对该领域的研究。

（一）国内水环境承载力研究现状分析

1. 研究作者分析

基于 SCI、EI、北大核心、CSSCI 数据库，使用 CiteSpace 软件将时间节点设定为"2002 年 1 月至 2022 年 12 月"，时间切片设置为"1 年"，节点类型选择为"作者"，生成近 20 年水环境承载力文献的作者网络图谱（见图 2-2）。根据图谱中的信息可知，N＝258，研究该方向的作者有 258 位；E＝178，表示共有 178 条网络节点之间的联系，网络密度为 0.0054。图中作者名字字号的大小与作者的发文量成正比，节点与连线之间的颜色代表发文时间，颜色越深代表发文时间越新。通过进一步分析作者合作图谱可知，研究水环境承载力的作者多以个体的形式进行。发文量排名前八的作者依次为刘佳（9 篇）、杨秀平（8 篇）、曾维华（8 篇）、翁钢民（6 篇）、刘景双（5 篇）、张广海（5 篇）、段学军（5 篇）和封志明（5 篇）。其中，刘佳和杨秀平的研究较早，分别于 2008 年和 2007 年开始水环境承载力领域相关研究。曾维华于 2017 年开始发表与水环境承载力相关的研究，翁钢民于 2015 年开始发表与水环境承载力相关的研究，这两位学者发文量位居第三和第四，说明这两位学者对于水环境承载力领域的关注十分密切。经过分析，发文量排名前八的作者中六位为大学教授（刘佳、杨秀平、曾维华、翁钢民、张广海、封志明），刘景双为中国科学院东北地理与农业生态研究所研究员，段学军为中国科学院南京地理与湖泊研究所研究员。以上学者均为各个专业领域的权威人士，他们的加入和研究引领了我国水环境承载力的发展。

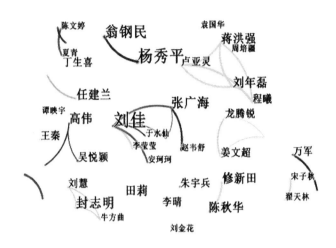

图 2-2　水环境承载力研究作者合作关系图谱

2. 关键词分析

关键词是一组描述文章总体内容或重要信息的名词集合，不仅是文章的核心词汇，还是对文章的高度凝练和总结。如果某一特定的关键词在某一领域高频率出现，则可以在一定程度上反映该领域的研究热点。本部分通过分析关键词的频次、聚类、突显程度等指标，进一步探索水环境承载力的研究热点及研究方向。

（1）水环境承载力关键词共现分析。运用 CiteSpace 工具，将节点类型从"作者"更改为"关键词"，得到有关水环境承载力的关键词共现图谱（见图 2-3）。

通过图 2-3 可知，水环境承载力领域的关键词共有 236 个（N＝236）；各关键词之间的连线共有 270 条（E＝270）。关键词节点越大，说明出现的次数越多，与水环境承载力相关且出现频率较高的关键词主要有资源环境承载力、水环境承载力、环境承载力、承载力、指标体系等。

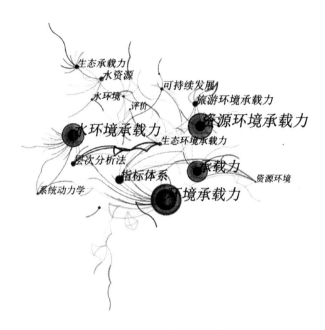

图2-3　水环境承载力关键词共线图谱

根据关键词的频率和中心性进一步研究（见表2-1），"指标体系"出现的频次为50次，中心性为0.64；"环境承载力"出现的频次为136次，中心性为0.63。近些年出现频次较高且中心性大于0.05的有指标体系、环境承载力、熵权法、水环境承载力、承载力，说明以上五个高频关键词成为了水环境承载力的研究热点。

表2-1　水环境承载力关键词频次统计

序号	频次（次）	中心性	首现年份	关键词
1	50	0.64	2002	指标体系
2	136	0.63	2002	环境承载力
3	12	0.35	2013	熵权法
4	120	0.32	2003	水环境承载力

序号	频次（次）	中心性	首现年份	关键词
5	98	0.27	2003	承载力
6	26	0.24	2002	可持续发展
7	6	0.23	2019	长江经济带
8	26	0.20	2012	层次分析法

（2）水环境承载力关键词聚类分析。在 CiteSpace 关键词共线图谱基础上，选择"find clusters"选项，生成水环境承载力关键词聚类图谱（见图2-4）。

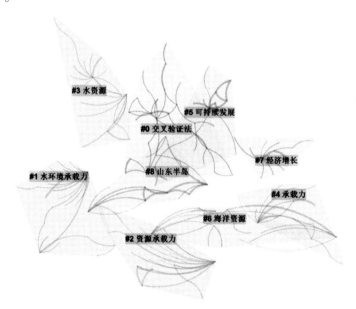

图 2-4 水环境承载力关键词聚类图谱

通过图2-4可知，该领域主要研究的群体为水资源、可持续发展、交叉验证法、经济增长、承载力、海洋资源、山东半岛、水环境承载力、资源承载力。进一步通过 CiteSpace 中的 Timezone View 功能得到有关水环境承载力关键词聚类的时区分布（见图2-5）。节点所在的年份为首次研究年份，今后重复出现相同关键词时将会用连接线来叠加，节点大小反映关键词出现频次的高低。根据关键词时区分布可以清楚地看出，各类关键词首次出现的年份、分析不同年份的研究热点和特征以及整个研究时期的演变。

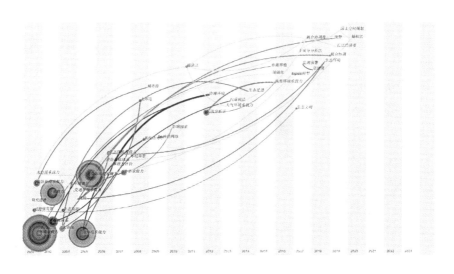

图 2-5　水环境承载力关键词聚类 Timezone 图谱

通过图 2-4 和图 2-5 可以将近 20 年来水环境承载力的研究划分为三个主要研究方向。

方向一：水环境承载力评价方法研究。主要包括主成分分析法、模糊综合评价法、多目标决策法、层次分析法、熵权法、系统动力学法、生态足迹法、神经网络算法、层次分析—熵值赋权法等。评价方法从单纯理论方法的研究向理论基础与实证计算的结合转变。李高伟等（2014）利用主成分分析法对郑州市水资源承载力进行了测算，认为随着科技水平的提高和各种水资源保护措施的施行，郑州市的水资源还有一定的承载力空间。童纪新和顾希（2015）运用主成分分析法对 2003~2012 年南京市的水资源承载力水平进行比较分析，结果显示研究年限内南京市水资源承载力基本呈不断上升的趋势。曹丽娟和张小平（2017）同样运用主成分分析法从时空两个角度对甘肃省的水资源承载力进行综合评价，认为影响水资源承载力的因素主要包括经济发展因子、人口因子、水资源供需平衡因子和农业生产用水因子。张晨等（2012）将主成分分析法和模糊综合评价模型相结合，将水环境承载力作为生态承载力的子系统对烟台市的生态环境承载力做出定量评估，探讨了影响承载力变化的主要因素。刘定惠和杨永春（2011）在研究中引入了耦合协调度模型及计算方法，对安徽省1990～2008年经济—旅游—生态环境耦合协调度进行了实证分析，证实生态环境承载力是瓶颈因素。熊建新等（2014）对洞庭湖区生态承载力系统耦合协调度进行时空分析，结果表明生态承载力系统耦合度和耦合协调度变化趋势基本趋同，内部耦合作用和协同效应明显。

方向二：水环境承载力评价指标体系研究。主要应用系统层次法和压力—状态—响应（PSR）模型建立指标体系。王友贞等（2005）遵循综合性、层次性、协调性及可操作性的原则，设计了包括三个层次的宏观水资源承载力评价指标体系框架。从宏观上给出承载力指标评价体系的学者还有余卫东等（2003）、惠泱河等（2001）、黄薇和陈进（2005）、王建华等（2017）、唱彤等（2020），他们为不同区域的水资源、水环境承载力评价提供了基础，其中余卫东等（2003）认为资源、社会经济发展与科学技术发展、生态环境状况与生态系统服务功能的发挥以及制度因素是影响水资源承载力的关键。

PSR模型由压力、状态和响应指标组成，其中，压力指标表示影响可持续或良性发展的某些人类活动和经济系统的因素；状态指标表示系统在可持续发展中的状态；响应指标表示为促进可持续发展目标，人类采取的相应对策。

方向三：区域水环境承载力实例研究。许有鹏（1993）以新疆和田河流域为例，采用模糊综合评价法建立分析评价模型重点探讨了我国西北干旱区水资源承载力综合评价的方法。蔡安乐（1994）分析认为新疆水资源适度承载力研究应从影响水资源供需平衡关系的因素入手。王建华等（1999）利用系统动力学模型，对1993～2002年乌鲁木齐市的水资源承载力进行预测分析。汤奇成和张捷斌（2001）研究了西北干旱地区地表水和地下水的分配与使用，认为生态环境用水是该地区遏制环境日益恶化的主要手段，必须进一步加强研究。朱湖根等（1997）、胡瑞和左其亭（2008）、严子奇等（2009）、窦明等（2010）对华北平原淮河流域进行了水资源、水环境承载力评价。胡溪等（2018）、万炳彤等（2020）、邹辉和段学军（2016）对长江流域即长江经济带的水环境承载力进行了深入分析。

（3）水环境承载力关键词时间线图及突现分析。突现关键词是指在某一时期内，出现的频率突然增加的关键词，可以通过研究突现关键词的变化来观测不同时间段内的研究热点。使用 CiteSpace 工具得到 2002～2022 年与水环境承载力相关的排名前十的突现关键词（见图 2-6）。可知，在水环境承载力领域研究早期，国内学者主要就旅游景点承载游客数量方面进行研究。随着国家可持续发展战略的提出和对资源环境的重视，更多学者开始通过评价方法选择、指标体系构建对支撑经济社会发展的环境承载力进行研究。2015 年党的十八届五中全会把"美丽中国"纳入"十三五"规划，学者开始大量关注生态系统，从系统的角度和方法分析生态环境耦合协调问题，以促进经济社会生态协调发展。

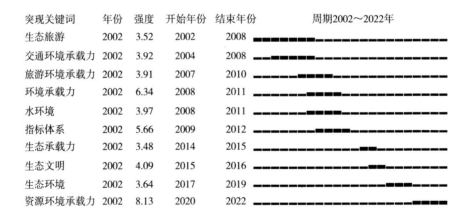

突现关键词	年份	强度	开始年份	结束年份	周期2002～2022年
生态旅游	2002	3.52	2002	2008	
交通环境承载力	2002	3.92	2004	2008	
旅游环境承载力	2002	3.91	2007	2010	
环境承载力	2002	6.34	2008	2011	
水环境	2002	3.97	2008	2011	
指标体系	2002	5.66	2009	2012	
生态承载力	2002	3.48	2014	2015	
生态文明	2002	4.09	2015	2016	
生态环境	2002	3.64	2017	2019	
资源环境承载力	2002	8.13	2020	2022	

图 2-6　水环境承载力研究突现关键词

（二）国外水环境承载力研究现状分析

1. 关键词聚类分析

对 Web of Science 数据加以分析，采用 CiteSpace 软件对水环境承载力研究领域绘制知识图谱。以"关键词"（Keyword）为网络节点，以每年为一个时间切片，每个切片上选取前 50 个高频出现节点，选用最小生成树（Minimum Spanning Tree，MST）剪枝算法，生成共词网络知识图谱（见图 2-7），共有 636 个网络节点，1837 条连线。通过综合分析与归纳出现频次、中心性排名各前 20 位关键词，发现国外以"水环境承载力"为主题的研究热点较多，排名前 20 的关键词中还有污水治理、重金属污染、生态足迹、水溶氧、气候变化、化肥污染影响等，这些都是当前水环境承载力研究中被关注的问题。

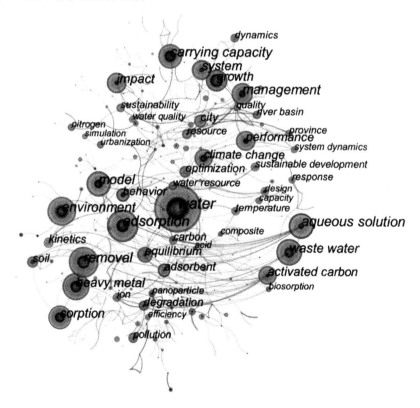

图 2-7 国外水环境承载力研究关键词网络

对关键词进行聚类分析,所生成的聚类视图聚类模块 Q 值为 0.7959,
轮廓 S 值为 0.9001,表明该图结构显著,聚类结构合理。根据图 2-8,水
环境承载力的热点主要集中在水资源可持续发展、承载力、水资源管理、
水质管理四个方面(见表 2-2)。

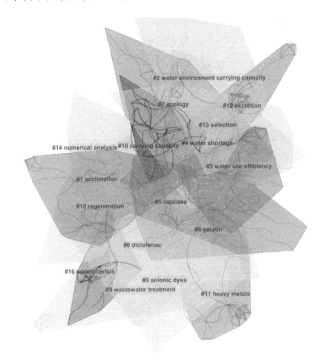

图 2-8 国外水环境承载力研究关键词聚类图谱

表 2-2 国外水环境承载力研究热点

研究热点	代表关键词	主要研究内容	代表文献
承载力	carrying capacity（38.44，E-4） adsorption（22.69，E-4） aquaculture（14.1，0.001）	资源环境、资源要素承载力评价	Coppola 等（2021）、Neun 等（2022）、Pu 等（2020）、Nobre（2010）
可持续发展	sustainable development（29.67，E-4） adsorption（26.89，E-4） water resource（17.52，E-4） water resource scarrying capacity（17.24，E-4）	经济社会如何在资源环境约束下持续健康发展	Zhou 等（2017）、Ding L 和 Cupples（2015）、Zeng 等（2011）、Wang 等（2015）

续表

研究热点	代表关键词	主要研究内容	代表文献
水资源管理	water quality（12.93，0.001） adsorption（9.63，0.005） pollution（9.37，0.005） porosity（9.13，0.005）	生态安全评估、水环境政策影响机理分析及水环境治理技术应用效果评价	Syrodoy 等（2017）、Matondo 等（2019）、Padilla 等（2018）、Lewandowski 和 Bridi（2018）
水质管理	life satisfaction（32，0.09） happiness（30，0.02） health（30，0.00）	净化手段对资源环境的影响	Carro 等（2009）、Sirivithayapakorn 和 Limtrakul（2008）

注：代表关键词中括号内数字分别表示关键词出现频次和中心性。

在水资源可持续发展研究方面，Wang 等（2014）以水生态环境承载力（EECC）为核心测度，建立了基于水资源可持续发展的定量评价框架，对海河流域进行数据分析，同时开发出量化生态环境承载力方法，有助于促进缺水地区面向可持续发展的资源管理。Ren 等（2016）将生物代谢概念引入区域水资源承载力，提出了区域水资源的代谢理论，建立了综合考虑区域可持续发展原则、社会经济系统特征和水资源特征的评价指标体系，对于水资源的可持续发展具有重要意义。

在承载力研究方面，国外学者认为水环境承载力应具有自然和社会双重属性特征，体现自然系统和社会系统之间的协调性，是一个涉及资源、人口、社会经济、生态环境等多方面因素的典型复杂系统，人类若不能根据水资源承载力状态合理安排社会经济活动，社会经济的可持续发展将很难实现。因此，为了合理利用水资源、实现经济社会可持续发展，国外研究多采用趋势预测法、主成分分析模型法、系统动力学法、生态足迹法、多目标评价模型、模糊综合评价模型、压力—状态—响应框架法等评价方法。

在水资源管理研究方面，Feng 等（2009）采用系统动力学建模，提出以环境为代价追求经济快速发展和以抑制经济发展促进环境保护的做法都是不可取的，只有采取最佳水资源管理方案，有效提高该区域的水资源承载力，同时促进经济发展和环境保护才能产生更好的整体效果。后期研究中 Jin 等（2012）认为区域水资源承载能力预警是水资源管理特别是水安全管理的一个重要调控措施。水环境系统中存在许多不确定性，这些不确定性给水资源管理带来挑战，因此，在复杂的不确定条件下进行有效的水资源管理方案优化十分必要。

在水质管理研究方面，Ding 等（2015）指出水质承载力包括社会经济指标和水质可承载的污染物指标，在此基础上建立了城市湖泊水生态承载力的综合概念模型，得出控制污染源是提高城市湖泊水质承载力的关键，为水资源—环境管理提供了参考。Chen 和 Ji（2007）引入化学有效能的热力学概念进行水质评价，与传统的主观性指标相比，该方法制定了统一的客观性指标，以全球 72 条河流和 24 个湖泊的水质评价作为详细的案例研究，说明了基于化学计量的指标对水质评价的适应性。Wang 等（2014）结合水质数据，应用一维水质模型模拟铁岭市的水污染物（化学需氧量）及多目标模型探索水生态承载力，对支持社会经济可持续发展的调整和规划具有重要意义。

2. 文献共被引分析

运行 CiteSpace，节点类型选择 Reference，不对图谱进行剪切，得到如图 2-9 所示的共被引文献图谱。在国际期刊发表的主题为"水环境承载力"的 1800 篇论文中，被引频次高于 20 的文献信息如表 2-3 所示。

首先，表 2-3 中 6 篇高被引文献，就内容而言，Yang 等（2019）通过采用层次分析法（AHP）和系统动力学（SD）模型相结合的方法构建了西安市水环境承载力的多指标评价体系和社会经济/水资源 SD 模型；通过五种不同目的的场景分析，获得了 2015～2020 年社会、经济、供水/需求和废水排放的发展趋势；采用定性和定量分析相结合的方法对这些情景和趋势进行了综合评估。Wang 和 Xu（2015）以生态环境污染的时空变异性为研究对象，利用压力—状态—响应（PSR）框架构建了表征水环境压力承载能力（WEPCC）、水环境状态承载能力（WESCC）和水环境响应承载能力（WERCC）三个方面的系统因果指标体系；将可变模糊模式识别（VFPR）模型与层次分析法（AHP）模型相结合，动态地对 WEPCC、WESCC 和 WERCC 进行评价，然后采用加权法计算水环境承载力。Zhang 等

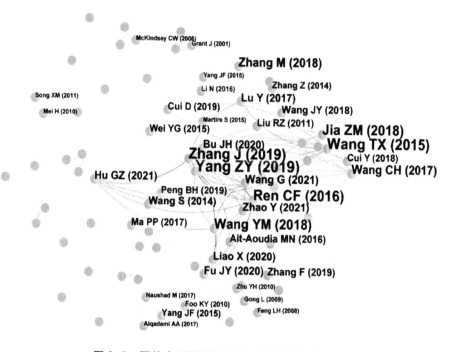

图 2-9　国外水环境承载力研究共被引文献图谱

表 2-3　国外水环境承载力研究高被引文献

频次	第一作者	期刊	年份	题目
33	Yang Z Y	Journal of Environmental Management	2019	Comprehensive Evaluation and Scenario Simulation for the Water Resources Carrying Capacity in Xi'an City, China
27	Wang T X	Ecological Indicaitions	2015	Dynamic Successive Assessment Method of Water Environment Carrying Capacity and Its Application
26	Zhang J	Journal of Hydrology	2018	Quantitative Evaluation and Optimized Utilization of Water Resources – Water Environment Carrying Capacity based on Nature–Based Solutions
24	Ren C F	Journal of Environmental Management	2016	An Innovative Method for Water Resources Carrying Capacity Research–Metabolic Theory of Regional Water Resources
21	Jia Z M	Resources, Conservation & Recycling	2018	Regionalization of Water Environmental Carrying Capacity for Supporting the Sustainable Water Resources Management and Development in China

续表

频次	第一作者	期刊	年份	题目
20	Wang Y M	Journal of Cleaner Production	2018	Water Environment Carrying Capacity in Bosten Lake Basin

（2018）构建了包含水资源、水环境和水生态特征的动态评价指标体系，应用主成分分析（PCA）方法评价了 WR-WECC 的时间尺度变化趋势，并基于 NBS 分析探讨了深层原因。Ren 等（2016）将生物代谢概念引入区域水资源承载能力中，提出了区域水资源代谢理论，并应用于案例研究，以证明其有效性。Jia 等（2018）从承载力、环境压力、水环境脆弱性、开发利用潜力等方面构建了 WECC 的量化指标体系，采用突变级数法对 4 个综合指标进行量化及 Kmeans 聚类方法进行相似性组合，引入轮廓系数来衡量聚类质量和确定最优聚类数。Wang 等（2018）采用系统动力学（SD）模型和层次分析法（AHP）相结合的方法，建立了考虑工业、农业、人口、供水、水生态和水污染 6 个子系统相互作用的博斯腾湖流域水环境承载力评价指标体系，并利用 2002~2010 年的水位、表面积、水量、化学需氧量（COD）、总氮（TN）和盐度浓度等数据对模型进行了验证。

其次，就发文时间而言，近十年来，高被引文献主要针对水环境承载力评价体系、指标构建和实例应用研究，助推经济社会生态可持续健康发展。

最后，就发文作者而言，自 2013 年来中国学者的水环境承载力研究成果逐渐增多，同时积极开展与国际水环境承载力研究者的交流合作，主动提升我国在水环境承载力研究领域的学术影响力。

3. 文献共被引聚类分析

在图 2-9 的基础上，运行 CiteSpace 进一步对共被引文献进行聚类分析，生成如图 2-10 所示的聚类图谱。就聚类内容而言，主要围绕以下四个视角展开。

（1）聚类#0 的文献聚焦中国"生态文明"背景下城市资源环境承载力的评估研究，随着人口增长和城市化，中国区域生态环境面临着严峻的挑战，借此城市承载力的理论基础和应用研究持续发展。

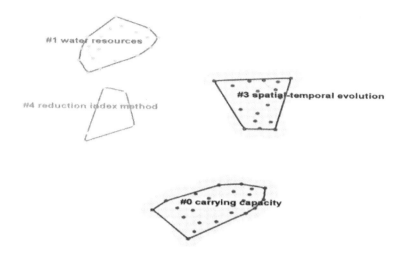

图 2-10 国外水环境承载力研究共被引文献聚类图谱

（2）聚类#1、聚类#3、聚类#4 的共被引文献深入研究水环境承载力及基于水环境承载力的经济社会发展问题。代表性文献中 Wang 等（2017）在对北京市湿地水资源系统进行分析的基础上，建立了北京市湿地水资源承载力的系统动力学模型。Yang 等（2015）提出了一种基于系统动力学框架的 WECC-SDM 评估方法，WECC-SDM 可以通过协同进化和系统模拟社会—经济—水环境相互作用，动态计算不同社会和环境情景下的水环境承载力。Zhang 等（2015）将系统动力学（SD）和层次分析法（AHP）相结合，建立了区域水生态承载力评价指标体系和系统动力学仿真模型，针对吉林省四平地区存在的水生态环境进行模拟仿真。Wu 等（2018）采用水土评价工具（SWAT）、水资源供给与消耗模型、主成分分析（PCA）和模糊综合评价（FCE）相结合的方法，构建了西北某陆河流域水平衡与水资源承载能力动态评价与预测的集成建模框架。Li 等（2015）采用集随机规划、区间线性规划和多目标规划于一体的非精确随机多目标规划（ISMOP），对山东省淮河流域基于水环境承载力的产业结构优化进行了分析。

4. 重要突现文献分析

突现文献指文献被引用频次突然发生变化的文献，往往代表学科研究领域的兴起或转变。通过 SiteSpace 检索突现强度位居前列的文献（见表2-4）发现，突出强度最强的是 McKindsey 等（2006）讨论并概述了承载能力研究的四个层次类别，分别是物理承载能力、生产承载能力、生态承载能力和社会承载能力。该篇文献突变时间为 2009~2014 年。Gong 和 Jin（2009）以位于中国西部的兰州市为研究对象，采用模糊综合评价方法，以 40 年的历史数据为基础，对兰州市水资源容量现状及动态趋势进行了评价；根据隶属函数的性质，确定了综合评价矩阵的计算方法，并预测了未来实施后水资源容量的动态趋势。该篇文献突变时间为 2011~2017 年。Foo 和 Hameed（2010）发表的综述文章，突出强度为 4.65。该文章介绍了吸附等温线建模的最新进展、基本特征和数学推导，此外，还重点讨论了误差函数的主要进展、误差函数的应用原理以及线性化和非线性化等温模型的比较。Feng 等（2008）利用基于信息扩散理论的风险分析方法，建立了水资源短缺风险评估模型，并将该模型应用于中国浙江省义乌市。Liu 等（2011）提出了由自然资源能力、环境同化能力、生态系统服务能力和社会支持能力模型组成的综合 CCE 测度体系，采用承载力盈余比模型和承载力盈余比矢量模型，设计了相应的可测量指标对 CCE 进行评价。文献6既是高被引文献又是重要突现文献，Yang 等（2015）开发了一种确定在给定水资源量的集水区内潜在的最大社会经济增长模型，并提出了一种改进的基于系统动力学模型（WRCC-SDM）的 WRCC 评估方法。整体而言，通过对上述突现文献剖析，显现的前沿研究热点与突现关键词节点分析具有一致性，与上文研究互为印证。

表2-4 2002~2022 年国际水环境承载力研究突现文献

序号	文献	题目	突现值	持续时间	2002~2022 年
1	McKindsey 等（2006）	Review of Recent Carrying Capacity Models for Bivalve Culture and Recommendations for Research and Management	5.16	2009~2014 年	

续表

序号	文献	题目	突现值	持续时间	2002~2022 年
2	Gong 和 Jin（2009）	Fuzzy Comprehensive Evaluation for Carrying Capacity of Regional Water Resources	4.56	2011~2017 年	
3	Feng 等（2008）	Application of System Dynamics in Analyzing the Carrying Capacity of Water Resources in Yiwu City, China	3.85	2011~2016 年	
4	Foo 和 Hameed（2010）	Insights into the Modeling of Adsorption Isotherm Systems	4.65	2016~2018 年	
5	Liu 等（2011）	Measurement and Assessment of Carrying Capacity of the Environment in Ningbo, China	4.00	2016~2019 年	
6	Yang 等（2015）	Assessment of Water Resources Carrying Capacity for Sustainable Development Based on a System Dynamics Model: A Case Study of Tieling City, China	3.67	2017~2018 年	

二、排污权初始分配研究现状

国外文献选取 Web of Science 核心集合作为来源数据库，以 "emission right initial allocation" 为主题，以 2002~2022 年为时限进行检索，共得到 115 条文献记录，本节选取其中的研究论文（Article）110 条文献，并经 CiteSpace 内置 MYSQL 数据库初步处理后，作为本书分析数据。

国内文献选取 SCI、EI、北大核心、CSSCI 为检索数据库，通过以 "排污权初始分配" 为主题，以 2002~2022 年为时限进行检索，共得到 161 条文献记录，作为本书分析数据。

图 2-11 是以单一年份为统计单位得到的 2002~2022 年排污权初始分配研究领域文献数量，其中（a）为 Web of Science 数据库核心合集收录的文献数量，（b）为 SCI、EI、北大核心和 CSSCI 数据库收录的文献数量，在一定程度上直观明了地呈现出排污权初始分配研究领域的研究进展情况。

由图 2-11（a）可知，排污权初始分配研究的国外发文量并不高，可

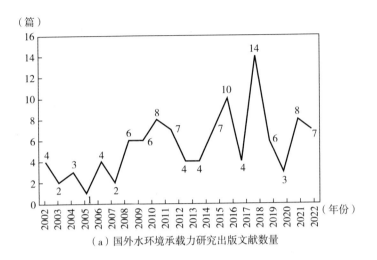

（a）国外水环境承载力研究出版文献数量

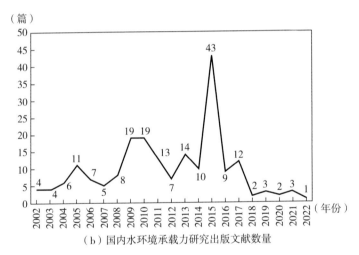

（b）国内水环境承载力研究出版文献数量

图 2-11　水环境承载力研究每年出版文献数量

能的原因是发达国家的排污权制度比较成熟，更加注重排污权的具体实施
方式和相关影响的探讨。图 2-11（b）则呈现出国内发文量的波动增长趋
势，2015 年达到高峰，年发文量 43 篇，这可能因为 2015 年是中国环保事
业的转折年，将"完善污染物排放许可制"写入《中共中央关于全面深化
改革若干重大问题的决定》后，又在《中共中央关于制定国民经济和社会

发展第十三个五年规划的建议》中提到"改革环境治理基础制度，建立覆盖所有固定污染源的企业排放许可制"。排污权初始分配是完善排污权制的重要内容和有效衔接排污权交易顺利实施的关键，受到国内学者的重视。

（一）国内排污权初始分配研究现状分析

1. 研究作者分析

基于 SCI、EI、北大核心、CSSCI 数据库，使用 CiteSpace 软件将时间节点设定为"2002 年 1 月至 2022 年 12 月"，时间切片设置为"1 年"，节点类型选择为"作者"，生成近 20 年排污权初始分配文献的作者网络图谱（见图 2-12）。根据图谱中的信息可知，N=234，研究该方向的作者有 234

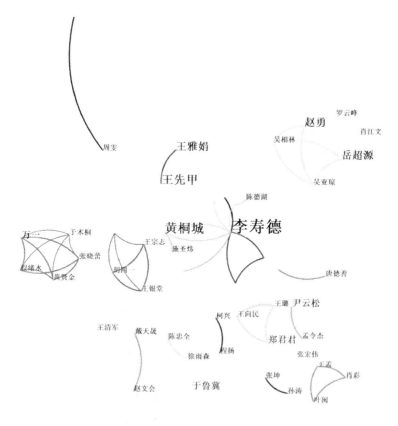

图 2-12　排污权初始分配研究作者合作关系图谱

位；E=215，表示共有215条网络节点之间的联系，网络密度为0.0079。图中作者名字字号的大小与作者的发文量成正比，节点与连线之间的颜色代表发文时间，颜色越深代表发文时间越新。通过进一步分析作者合作图谱可知，研究排污权初始分配的作者多以团队的形式组成，形成了影响力较强的研究团体，如李寿德和黄桐城为核心的研究团队、王先甲和王雅娟为核心的研究团队、岳超源和赵勇为核心的研究团队。通过进一步分析发现，虽然作者之间合作交流较为紧密，但是绝大多数作者之间的合作仅限于同一单位或机构。如发文量较多的李寿德和黄桐城两位学者，二者均为上海交通大学教授且研究领域较为相近；赵勇和岳超源均为华中科技大学系统工程研究所教授。因此，排污权初始分配应包容各类研究领域人才，各研究机构之间也应加强合作交流，共同探讨排污权初始分配的新思路、新方法。同时，经研究分析，以上学者均为教授，他们的加入和研究共同促进了我国排污权初始分配研究的发展。

2. 关键词分析

关键词是一组描述文章总体内容或重要信息的名词集合，不仅是文章的核心词汇，还是对文章的高度凝练和总结。如果某一特定的关键词在某一领域高频率出现，则可以在一定程度上反映出该领域的研究热点。本部分通过分析关键词的频次、聚类、突显程度等指标，进一步探索排污权初始分配的研究热点及研究方向。

（1）排污权初始分配关键词共现分析。运用CiteSpace软件，将节点类型从"作者"更改为"关键词"，得到有关排污权初始分配的关键词共现图谱（见图2-13）。通过图2-13可知，排污权初始分配领域的关键词共有246个（N=246）；各关键词之间的连线共有345条（E=345）。关键词节点越大，说明出现的次数越多，与排污权初始分配相关且出现频率较高的关键词主要有排污权交易、排污权、初始分配、总量控制、拍卖、水污染物、交易成本等。根据关键词的频率和中心性进一步研究（见表2-5）。"排污权交易"出现的频次为52次，中心性为0.53；"排污权"出现的频次为29次，中心性为0.30。出现频次较高且中心性大于0.05的有排污权交易、初始排污权分配、初始分配、排污权、初始排污权、制度设计、排污权初始分配、总量控制，说明以上高频关键词成为了排污权初始分配的研究热点。

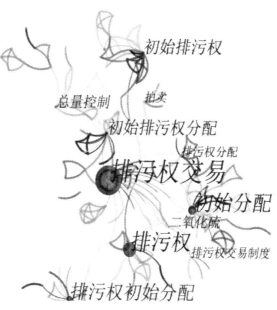

图 2-13　排污权初始分配关键词共线图谱

表 2-5　水环境承载力关键词频次统计

序号	频次（次）	中心性	首现年份	关键词
1	52	0.53	2002	排污权交易
2	12	0.38	2003	初始排污权分配
3	26	0.36	2002	初始分配
4	29	0.30	2003	排污权
5	12	0.24	2002	初始排污权
6	3	0.23	2003	制度设计
7	18	0.19	2004	排污权初始分配
8	8	0.14	2003	总量控制

（2）排污权初始分配关键词聚类分析。在 CiteSpace 关键词共线图谱基础上，选择"find clusters"选项，生成排污权初始分配关键词聚类图谱（见图2-14）。通过图2-14可知，该领域主要研究排污权交易、初始分配、初始排污权分配、排污权、分配模型、环境管理、双层多目标规划、极大熵算法和多目标优化。进一步通过 CiteSpace 中的 Timeline View 功能得到有关排污权初始分配关键词聚类的时区分布（见图2-15）。节点所在的年份为首次研究年份，重复出现相同关键词时将会用连接线来叠加，节点大小反映关键词出现频次的高低。根据关键词时区分布可以清楚看出各类关键词首次出现的年份、分析不同年份的研究热点和特征以及整个研究时期的演变。

通过图2-14和图2-15可以将近20年来排污权初始分配的研究划分为两个主要研究方向。

图 2-14　排污权初始分配关键词聚类图谱

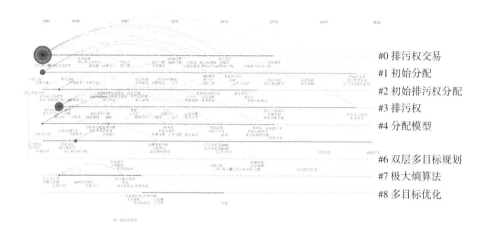

#0 排污权交易
#1 初始分配
#2 初始排污权分配
#3 排污权
#4 分配模型
#6 双层多目标规划
#7 极大熵算法
#8 多目标优化

图 2-15　水环境承载力关键词聚类 Timeline 图谱

方向一：排污权初始分配理论研究。李寿德和仇胜萍（2002）从环境资源价值多元性等角度对初始排污权定价的复杂性进行了探讨，认为定价问题是排污权交易的一大难题。李寿德和王家祺（2004）对不同分配方式下交易对市场结构的影响进行研究，指出免费分配方式较拍卖方式可有效减少垄断产生的可能性。施圣炜和黄桐城（2005）运用期权理论模拟初始排污权分配，并利用 B-S 模型模拟排污权定价。李寿德和黄桐城（2005）基于 Stavins 交易成本函数假定建立了交易成本存在下的社会福利最大化分配模型，并对分配的决策机制进行了分析。宋玉柱和高岩（2006）在优先考虑公平和效率的情况下对关联污染物的分配问题进行了研究，并利用最小二乘法模型进行公平性权重的计算。张颖和王勇（2006）、邹伟进等（2009）的研究表明，当前我国初始排污权分配应采用混合模式。赵海霞（2007）基于初始排污权分配的重要性建立了理想和非理想状态下的分配模型。赵文会等（2007）建立了兼顾公平和效率的极大极小模型，并对模型存在的 KKT 条件和模型的有效解法进行说明。梅林海和戴金满（2009）鉴于初始排污权分配与股票发行的相似性，以 IPO 定价机制为基础，建立了初始排污权分配模式。刘君华（2010）构建了一个基于中国特色的混合分配模型，在详细介绍模型求解方法的同时，给出了排污厂商利润最大化的最优策略。饶从军和赵勇（2011）建立了一套具有激励性的初始排污权分配模型，并给出了排污企业对称和非对称情形下的均衡报价策略和均衡供给量。易永锡等（2012）运用动态相对绩效机制模型对免费初始排污权分配进行研究，并探讨了可实现社会最优的初始排污权分配途径。

方向二：排污权初始分配实证探讨。高慧慧和徐得潜（2009）建立了公平条件下的水污染物分配模型，并进行了实例论证。曾华彬（2011）将PAC机制和DEA模型引入初始排污权分配中，并进行了相关的案例分析和算例分析。陈丽丽（2011）在对流域的环境现状、经济发展状况、社会公平、科学技术水平等问题进行综合考量的基础上，基于层次分析法以上述问题为准则层，构建了流域初始排污权分配体系，并以太湖流域的初始排污权分配为例进行了实例验证。程扬（2012）从湖北实际情况出发，从社会、经济、环境、技术四个层面构建指标体系，运用基尼系数法对2009年和2010年的二氧化硫分配结果进行验证，并运用信息熵法对湖北各市州2010年的二氧化硫排污权进行了分配。周雯（2013）采用问卷调查和层次分析相结合的方法，以企业发展规模、社会贡献性、污染状态及环境治理技术为准则层构建二氧化硫初始排污权分配体系，对广州市部分火电企业的二氧化硫初始排污权进行分配。

综上所述，国内学者多以当前的基本国情为基础，提出各种排污权初始分配方案，但方案多以理论和建模为主，缺少可供于实例论证的排污权初始分配方案，具体分配到企业层面的研究更少。

（二）国外排污权初始分配研究现状分析

1. 关键词聚类分析

对Web of Science数据加以分析，采用CiteSpace软件对排污权初始分配研究领域绘制知识图谱。以"关键词"（Keyword）为网络节点，以每年为一个时间切片，每个切片上选取前50个高频出现节点，选用最小生成树（Minimum Spanning Tree，MST）剪枝算法，生成共词网络知识图谱（见图2-16），共有175个网络节点，242条连线。通过综合分析与归纳出现频次、中心性排名各前 20 位关键词，发现国外以"排污权初始分配"为主题的研究热点集中在分配、中国、效率、成本、农业污染排放和气候变化等方面。

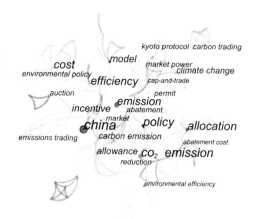

图 2-16　国外排污权初始分配研究关键词网络

对关键词进行聚类分析，所生成的聚类视图聚类模块 Q 值为 0.8069，轮廓 S 值为 0.9125，表明该图结构显著，聚类结构合理。根据图 2-17，排污权初始分配的热点主要集中在气候变化协定、碳减排、城市治理和排污权初始分配四个方面（见表 2-6）。

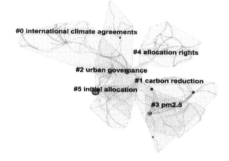

图 2-17　国外排污权初始分配研究关键词聚类图谱

表 2-6　国外排污权初始分配研究热点

研究热点	代表关键词	主要研究内容	代表文献
气候变化协定	stated preference（3.08，0.1） carbon emission quota（3.08，0.1） pollution abatement（3.08，0.1）	政策措施、治理工具、参与主体、制度建设、目标差距	Jiang 和 Li（2020）、Jonathan 等（2018）、Hsu 等（2021）、Robert 等（2011）
碳减排	carbon reduction（3.75，0.1） emissions trading scheme（3.75，0.1） scenario analysis（3.75，0.1）	大气污染与碳排放的驱动机理、应对策略及其效应	Uherek 等（2010）、Zhou 等（2014）、Xu 等（2016）、Kirchstetter 等（2017）
城市治理	allowance allocation（3.32，0.1） emission inventory（3.32，0.1） information entropy method（3.32，0.1）	绩效、可持续性、政治、改革、城市化、转型	Leonidas 和 Santos（2015）、Meijer 等（2016）、Cocchia（2014）
排污权初始分配	initial allocation（4.52，0.05） efficiency evaluation（4.52，0.05） allocation scheme（452，0.05） harmonious allocation（4.52，0.05）	分配机制、初始分配方法	Lee 等（2005）、Hung（2005）、Sartzetakis（2004）

注：代表关键词中括号内数字分别表示关键词出现频次和中心性。

2. 文献共被引分析

运行 CiteSpace，节点类型选择 Reference，不对图谱进行剪切，得到如图 2-18 所示的共被引文献图谱。在国际期刊发表的主题为"排污权初始分配"的 110 篇论文中，被引频次高于 5 的文献信息如表 2-7 所示。

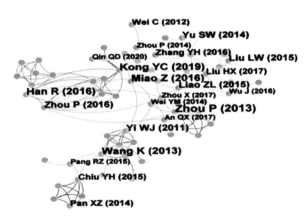

图 2-18　国外排污权初始分配研究共被引文献图谱

表 2-7　国外排污权初始分配研究高被引文献

频次	第一作者	期刊	年份	题目
7	Zhou P	Applied Energy	2013	Modeling Economic Performance of Interprovincial CO_2 Emission Reduction Quota Trading in China
6	Wang K	Energy Policy	2013	Regional Allocation of CO_2 Emissions Allowance over Provinces in China by 2020
6	Han R	Journal of Cleaner Production	2016	Integrated Weighting Approach to Carbon Emission Quotas：An Application Case of Beijing-Tianjin-Hebei Region
6	Kong YC	Journal of Cleaner Production	2019	Allocation of Carbon Emission Quotas in Chinese Provinces based on Equality and Efficiency Principles
6	Miao Z	Journal of Cleaner Production	2015	Efficient Allocation of CO_2 Emissions in China：A zero Sum gains Data Envelopment Model

表 2-7 中 5 篇高被引文献，就内容而言，Zhou 等（2013）建立了中国省际减排配额交易机制的经济绩效模型，采用 5 个公平标准对中国各省份进行了初始分配。Wang 等（2013）认为中国二氧化碳减排问题本质是一个总量排放配额分配问题，并用所构建的改进的零和博弈数据包络模型对 2020 年中国各省份进行了分配。Han 等（2016）考虑各地区责任、减排能力和潜力三方面因素构建综合加权模型对京津冀地区进行碳配额分配。Kong 等（2019）基于平等和效率原则，采用 DEA 模型与熵权法相结合，从中国省域和地理区域两个角度对中国碳排放配额进行分配。Miao 等（2015）把二氧化碳作为非期望产出，利用径向零和收益数据包络分配模型对中国不同省份进行碳排放配额分配。

分析上述 5 篇文献发现，由于中国承诺以 2005 年为基准年在 2030 年碳排放强度下降 60%~65%。中国如何实现碳减排目标成为国际关注的焦点，国内学者普遍认为碳排放交易是完成碳减排目标的有效工具，而碳配额初始分配是碳排放交易顺利实施的关键，对此，国内学者对如何进行碳配额初始分配进行了大量研究，该部分研究内容本质上是在总量控制下如何公平有效地分配问题，对本书研究内容能够起到很好的启示作用。而且，就发文作者而言，上述 5 篇高被引文献均是国内学者对中国碳配额在中国各省域进行分配的研究，该类研究对提升我国在排污权初始分配研究领域的学术影响力起到了很大的促进作用。

三、研究启示

本节给出的信息使我们对水环境承载力和排污权初始分配的研究现状进行了梳理,对其中一些关键文献与作者得以识别,对研究热点进行了分析,对知识结构进行了清晰演示,为系统了解水环境承载力和排污权初始分配研究领域提供了可靠依据,避免了传统方法归纳文献的主观性,为进一步的研究提供参考,也为中国水环境承载力和排污权初始分配领域国际化研究成果的产出提供一定借鉴和启示。

根据上述分析发现,水环境承载力提高是中国政府治水的关键目标,排污权初始分配能够体现经济效益、社会效益和生态效益,通过优化排污权初始分配能够有机衔接区域水环境承载力提高。同时,在排污权初始分配方面,国外学者更侧重研究分配对交易市场的影响及市场势力的变化问题,我国学者则多以当前的基本国情为基础,提出各种可以实现公平和效率分配的排污权初始分配方案。但方案多以理论和建模为主,缺少可供实例论证的排污权初始分配方案,且用于实例计算的方案多以区域之间的分配为主,具体分配到企业的方案较少,而企业作为排污权交易的主体,其初始分配理应得到重视,因此,本书在借鉴关键作者、核心期刊的相关研究基础上,考虑水环境承载力,对可具体分配到企业的主要污染物排污权初始分配方法进行研究,为我国排污权交易的进一步发展奠定理论基础。

第二节 理论基础

一、生态现代化理论

在现代工业社会应对环境危机的过程中,生态现代化理论逐渐形成、发展，并受到理论界越来越多的关注。其根本的论点在于经济和环境之间存在互利耦合关系，经济的发展不必然导致环境恶化。生态现代化理论经过近 30 年的发展，已经逐步成为环境治理领域的主流和热点。

（一）生态现代化理论的基本内涵与特征

不同学者对生态现代化理论的理解并不一致。Mol 认为生态现代化理论研究的核心是社会结构优化和动态过程，其在《生产的精化：生态现代化理论与化学工业》（1995）、《生态现代化：工业转型与环境变革》（1997）、《世界范围的生态现代化——视角与重要争论》（合著，2000）等相关著述中指出，作为社会转型理论的生态现代化理论强调社会转型过程中科学技术不再是引发生态危机的诱因，而是加速生态变革的有效工具，政府应该改变以往在环境改良中发挥中心作用的状态，采取更加灵活的行政模式，让企业、公众以及国内外的非政府组织在环境治理中扮演更加重要的角色，实现治理主体的多元化，强调一方面要重视传统的国家机构和新社会运动在环境变革中的角色，另一方面还必须对经济和市场动力在生态社会转型中的重要性作出深入的分析，对生产者、消费者、服务机构等经济主体在生态重建和改善的过程中发挥的重要作用予以关注。Jan-icke（1985，1986）认为生态现代化就是使"环境问题的解决措施从补救性策略向预防性策略转化的过程"，并运用类型学的方法将环境政策区分为补救性政策和预防性政策。Christoff（2000）把生态现代化理论分为弱生态现代化和强生态现代化两种，弱生态现代化是一种技术统治主义的生态现代化，强调用技术手段来解决环境问题，并提倡由科学界、经济界及政界精英共同参与政策制定及掌控决策权；强生态现代化考虑了人和生态系统间的相互作用，将关注的视野扩大到全球范围，并且更加关注环境意识形态的转变。这些不同的观点意味着生态现代化理论有着丰富的内涵和鲜明的特征。

1. 生态现代化的内涵

围绕"生态现代化"的观点，可以从四个方面理解生态现代化的内容：一是从观念上根据对现代化发展和环境关系的认识与了解，形成对经济增长和生态改善互利共赢的观点和看法，并认为通过有效的技术改进、合理化的制度修缮以及组织创新等手段与方式可以达到社会生态化及现代化发展的目的和效果。通过经验的积累，能够展开环境—经济的双向联想，将经济自然地与环境联系起来，形成整体性印象。特别是对于那些企业家及政要而言，理应在资本经营、政策制定和实施的过程中提升经济生态化、生态经济化的观念认识，不断追求社会发展的良好效果。二是把生态化作为一套分析社会发展状况的工具。依据绿色技术发展程度、公民社会组织的运行情况、法律制度的健全程度、民主政治的开放情况等指标，对现代社会发展的模式结构进行解析，识别出影响和决定生态理念与经济产业、社会发展相结合的关键因素，进一步说明诱发社会绿色化进程的根本驱动力。三是把生态现代化理解为一种理想的社会发展形态。它是经由工业社会向信息知识社会转变过程中的一个具体的社会发展形态，是企业与社会迈向低污染（或无污染）、低能耗、高效率可持续发展目标的集中指示。从现代化发展的角度来讲，它又是工业现代化继续向纵深迈进的信号。在现实发展的情境中，生态现代化实际上已然是许多国家以及各国内部工业产业发展所追求的理想和目标。四是可以把生态现代化理解为社会绿色转型的实践平台。它一方面强调在面对环境问题爆炸性突现的经济发展时，必须深化环境忧虑意识，以生态理性化的思考应对实践中所发生的各类问题；另一方面实践模式特别强调完整的协商路径，通过政府、企业、社会的协调共治来促进自然—经济—社会的良性运行。

2. 生态现代化的基本特征

生态现代化理论被认为是一种关于社会结构优化的动态过程理论。其特征的形成、含义的丰富是环境与经济关系发展的结果。无论是从关注环境技术到注重文化环保，还是从预防原则的强化到管理策略的精化等，生态现代化都是在环境—经济的关系场域中逐步确立、发展与传播的。基于此，生态现代化理论表现出了以下鲜明的特征：

（1）乐观性。生态现代化对未来的发展总是抱有积极的态度，环境非经济因素与经济增长、社会进步之间不存在必然对立的关系。环境问题并不仅是经济发展的限制性因素，还是经济发展的动力。这与政治经济学、风险社会理论等对于环境与社会发展关系的看法迥然而异。虽然他们都将环境与社会的关系问题作为研究探讨的对象，并认为二者间存在强烈的相互作用和影响，但是在环境保护与经济社会发展的优先性问题上，生态现代化表现出了明显的经济优先倾向。而环境自身，仍然处于弱势的依附性地位，并没有登上接受顶礼膜拜的圣坛。

（2）反思性。生态现代化理论表现出了强烈的反思性特征。从某种意义上讲，它是对现代化发展模式进行结构性和功能性反思的产物。生态现代化理论反对继续维持环境衰退的状态，主张反思个体与社会的发展关系以及由新的信息和知识诱导发生的信念、理想和社会实践，重新定位社会经济的发展方向。更重要的是，必须在反思的基础上恰当而有效地调整社会发展的各种不合理结构，如环境治理结构、产业发展结构、政治参与结构、技术创新结构等，并激发其解决实际问题的潜能。

（3）改良性。生态现代化理论也是一种改良性的理论。它站在资本主义的立场上，认为资本主义能够通过改良和必要的修饰整理迈向环境友好、资源节约的绿色资本主义。它坚信资本主义不是僵化不变的，可以发挥其特有的伸缩性和延展性，包容经济、社会发展所需要的环境维度，同时人们可以通过能力的提升和改善冲破各种条件的限制，沿着继续现代化、超工业化的路径实现自然、经济、社会的可持续发展。它反对激烈的社会结构变迁，拒绝接纳颠覆的做法，主张社会变革特别是环境变革、经济变革的循序渐进。在此意义上，生态现代化是一种温和的理论，它为广泛的社会接纳提供了相应的基础。

（4）实践性。在很大程度上，生态现代化理论是一种实践理论，它关心环境治理与经济发展的互嵌式发展过程和实践效果，即通过什么样的途径和手段致使社会达到何种生态化的程度。当然，政府和企业作为实践主体所扮演的功能角色是其强调的重点。生态现代化理论坚持认为政府和企业理应积极利用有关环境的知识和技术转变社会产品和制度安排，并着重推进和实施处于制度发展核心位置的环境政策的改变。实际上，良好技术的应用、制度环境的改善确实带来了污染的减少和能源效率的提高，这为环境与经济的正向关系的成功实践增强了信心。

（5）新自由主义特征。生态现代化理论突出市场因素在社会绿化过程中的作用，认为市场是远比国家更有效地解决环境问题的机制。即便是政府主导的计划过程，它也势必会传递给市场，在市场的理性化运作下实施和运作。市场利用竞争、资本的投入等手段对于经济的绿色优化更为有用。而国家的角色是提供一种应用环境亲善的政策和技术的内部结构、激励以及自我规范。

（二）生态现代化实践的理论意涵

生态现代化理论的应用并不是一个异常深奥的问题，但却是一个非常重要的问题。因为它既关系到理论本身的价值，也关系到应用者从中取得的收益。换句话说，一种理论能否被广泛接纳，重要的是不仅要看它是否开拓了人们的思维视野，而且还要看它是否在实践中为社会发展作出了贡献。环境社会学的生态现代化理论在某种程度上似乎已然获得了认可，然而在应用的过程中仍然面临困境。这种困境主要体现在三个层次上：一是国际层次；二是国家和地区层次；三是产业发展层次。在这三个层次中贯穿着发达与不发达、营利与公益、先进与落后、富裕与贫穷的矛盾关系。这些往往是生态现代化理论家的薄弱点所在。

在第一个层次上，首先带来困扰的是各国家，无论是发达国家还是发展中国家，对于生态现代化理论的理解不同，加上各国实践生态现代化的不同客观条件，最终导致了该理论在应用上的差异性。即便是在欧盟内部，虽然在相互协商交往的框架中各国已然就生态现代化理论及其应用进行了沟通，但是在具体的实施过程中，不同的国家所发展的项目重点以及风格建构又很可能是不同的。这就意味着，要想在广泛一致的基础上推行生态现代化理论有相当难度。其次，在全球范围内，发达国家与发展中国家的关系极其复杂。发达国家的生态现代化举措很可能具有很强的外部性效应，对发展中国家产生严重的影响。例如，提高环境标准、高筑绿色贸易壁垒，就会让灰色产业以及大量的灰色产品流向发展中国家，从而将本来"贫穷"的发展中国家变成"污染天堂",同时会造成这些国家的"超物质化",这明显是不公平的。看似发达的富裕国度环境质量变得更好了,然而那却是以其他地方环境质量的下降为代价的。即便是这样,发达国家可能也不会心安,因为它很可能面临发展中国家的指责,希望他们负起更重的责任,从而陷入利益的纠葛之中。2009年哥本哈根世界气候大会上各国的喧嚣论战就是最好的证明。最后,就如前文所提及的,随着经济全球化、区域一体化进程的加剧,由国际交往所搭建的环境改革的框架结构很可能推进了一种不对称的合作关系。那些看似并不符合发展中国家的模式被"硬"加在这些国家身上。沿着生态现代化的轨迹,环境技术在从发达国家向发展中国家有条件流入的同时,其也加入了西方式的理念和经验。这在一定程度上压缩了发展中国家自身的"特质空间"。而这一过程本身是潜隐的,是很难被发现的。

在第二个层次上,应用的困境在于生态现代化理论在一国范围的应用会带来意想不到的社会影响。尽管通过生态现代化的改造,国家可能实施了更加严格的环境与经济制度重构,加强了与社会的环境交往,促使企业采取清洁的生产技术和手段发展生产,但是这都不足以成为忽略贫富差距的理由。以碳排放为例,如果经济实力比较薄弱的国家沿着严格生态现代化目标执行更高标准的碳排放,就势必会带来能源价格的迅速上涨,整体社会经济吃紧,然而重要的还在于,这种持续的紧张会对穷人产生远比富人大得多的不良影响,其原因在于他们缺乏足够的能力(经济能力、政治能力等)来应对碳排放减少所带来的物价上涨、人员下岗分流等一系列负效应,而这又会加剧不同阶层之间的对立冲突和隔阂。所以,生态现代化实践的社会影响分配的不均衡问题有必要加以重视。

在第三个层次上,应用的困境首先在于中小企业的生存和发展能力上。对于大型企业,它们具有足够的能力和实力引进、设计及采用先进的绿色技术和设备,对产品体系进行根本性的革新,从而扩大清洁生产的规模、提高环境绩效和生产效率。同时,它们比较容易与其他行业企业形成横向的合作关系,在更高更广的层次上进行物质能量代谢且获取更丰厚的收益。相比之下，中小企业的生存却岌岌可危。如果按照生态现代化的标准要求来发展，中小企业将面临很多问题。例如，它们可能根本不具备技术绿化的能力和实力，一旦环境标准升高或是税费征收上调，那么将严重地威胁其生存和发展。而如果按照环境影响最小化的原则来推行生态现代化，那么最好的办法就是关闭和减少这些能力较差的中小企业。但是，问题并没有那么简单。这些企业往往承担了重要的社会经济供给责任，许多民众的生计紧紧与他们联系在一起。如果不留情面地予以取缔，那么可能会引起更大的社会反响和不安。其次，不同行业领域对于生态现代化理论的接纳程度不一样。可能那些占据有利条件并与环境密切相关的产业领域，如化工、造纸、煤炭、冶炼等，更易受到生态现代化的影响，而与环境相关不大的企业可能并没有那么高的环境发展积极性。所以，即便我们假定所有的企业都是有生态现代化倾向的，但并不能保证其经济利益驱使下的环境保护是出于"真心"并不断延续，更何况其效果还受到多种条件的制约。"环保外形化"的风险始终存在。由此可以看出，生态现代化理论的应用是一项系统而复杂的综合性工程。简单化的理解和对待只会让问题变得更加复杂和难以想象。生态现代化理论的实践应用不能仅凭一种理念心绪的冲动，而更应顾及可能伴生的潜在社会效应。只有如此，环境—经济—社会多赢的社会理想才能够变得越来越真实，而不会成为转瞬即逝的幻影浮云。

理论启示：生态现代化理论摒弃了传统工业片面追求经济增长的生产模式，开始在生态学原则的指导下重新审视经济和环境之间的系统关联，但也不同于可持续发展理念那样将环境作为经济增长的条件，而是转换思维模式，更加强调环境自身的价值，以实现环境和经济的相辅相成。政府作为生态治理的主体，一方面应当把环境政策提到首位，改革环境治理体制机制，增强政府环境管控的能力；另一方面应当充分发挥市场作用，推动有效市场和有为政府的有机结合，通过以排污权交易等市场为基础的经济工具更好地实现生态管控。

二、水环境承载力理论

水环境承载力是在人们对社会可持续发展与水环境相互关系有了较深刻认识的基础上被提出来的。由于我国面临巨大的水环境压力，水环境承载力问题成为水环境研究领域的热点。

（一）水环境承载力的概念

关于水环境承载力的基本概念，学术界尚未达成普遍共识，归纳起来主要有以下三类：

1. 从支撑能力角度定义

这一类主要阐述水环境对人类社会经济活动和人口规模支撑能力的阈值，如崔凤军（1998）在研究城市水环境时认为，城市水环境承载力是指特定城市、一定时期、一定状态下的水环境条件支撑该城市经济发展和生活需求的能力；郭怀成和唐剑武（1995）认为水环境承载力是在特定时期，特定环境状态下，某一地区水环境支撑人类活动能力的阈值。

2. 从纳污能力角度定义

这一类主要阐述水环境接纳进入水体污染物能力的大小，如水利部前部长汪恕诚（2002）认为在某一水域的水体可以继续正常使用并且生态系统能够保持良好运转的前提下，所能接纳污染物和污水的上限；廖文根（2001）认为水环境承载力是在水环境系统保持正常功能且可以持续良好运转的前提下，水体的纳污能力和保持基本要素不变的承受能力。

3. 从纳污能力和支撑能力两个角度定义

这一类同时考虑了水环境的纳污能力和对社会发展的支撑能力，如侯丽敏等（2015）研究认为，在一定时期、特定区域内，水环境可以持续发挥调节和维持水体的功能，可以继续正常使用并且生态系统能够保持良好运转的前提下，水体能够接纳污染物的最大能力、水环境可以维持人口规模以及支撑社会经济活动可持续发展的最大限值；杨维等（2008）通过分析研究，在对水环境承载力定义时，不仅考虑了特定时期、特定社会经济发展水平条件和水环境系统良好运转的前提条件，还考虑了某种特定技术和一定的环境质量目标的要求，水环境能够对人口数量、生态用水量和经济社会发展最大规模的持续支撑能力。

（二）水环境承载力的基本特征

水环境系统具有开放性，与外界进行着物质交换、能量传递和信息交流。同时，水环境系统内部同样存在着物质和能量的流动。水环境承载力本质上反映了人类活动必须遵循的客观自然规律，随着社会经济的发展，人们对水环境和资源的价值观也会发生改变，因此人们对水环境承载力研究时根据不同的观点会产生不同的评估结果，从而体现了水环境承载力的特点。本书总结前人研究成果，归纳出以下水环境承载力具备的基本特征：

第一，水环境承载力不是固定不变的，如果人们对水环境的影响超出了水环境承载力，水环境的自我维持和自我调节能力就大大降低，使水环境承载力超过极限，导致水环境结构破坏，丧失自净能力，水环境承载力降低，制约社会发展；反之，如果人们采取一些手段，大大提高水环境承载能力，可促进社会可持续发展。

第二，水环境承载力具有时限性，是相对于一定时期、一定生活水平和环境质量标准而言的。

第三，水环境承载力的大小有一定限度，可以通过选取某些评价指标按照一定的函数关系来表征。承载力的大小一方面体现了水体自净能力及水体纳污能力的大小，另一方面体现了水环境所能支撑的社会可持续发展规模。

第四，水环境承载力的大小受水体自然因素、人类活动方式及环境质量要求等方面影响。水量大并不表明水环境承载力就大，也并不表明现有水环境可支撑高速社会发展，还涉及水质、生态用水、环境用水等方面的问题。

第五，水环境承载力研究涉及多学科的交叉，包括经济学、环境科学、物理学、数学、化学、生物学、水动力学等学科内容。因此，水环境承载力的研究受到各学科的进展以及国家经济发展水平的影响。

（三）水环境承载力研究内容

水环境承载力的研究内容包括：①自然水环境包括水环境系统的组成结构及功能表现，水环境的容量、水环境质量与水环境质量标准，水环境自净能力，区域（流域）水资源总量，区域水动力学特征等。②社会经济发展规模及内部结构问题，探索现实可行的社会经济发展规模，适合本地区的社会经济发展方向，合理的工农业生产布局，社会对粮食、棉花、油料、钢铁、布匹等物资的需求；国民经济内部结构包括工农业发展比例、农林牧副渔发展比例、轻重工业发展比例、基础产业与服务业的发展比例等。③水环境承载力与社会可持续发展之间的平衡协调耦合关系，使有一定限度的水环境承载力在国民经济各部门中达到合理配置，充分发挥水环境容量与自净能力，在水环境功能可持续正常发挥的前提下，实现人口、经济、社会可持续发展。④人口发展与社会经济发展的平衡关系，通过分析人口的增长变化趋势、消费水平的变化趋势，研究预期人口对工农业产品的需求与未来工农业生产能力之间的平衡关系。⑤寻求进一步开发水环境的承载潜力、提高水环境承载力的有效途径和措施，探讨人口适度增长、水环境承载有效利用、水环境功能持续正常发挥、社会经济协调发展的战略和对策。

理论启示：水环境承载力是在人们对社会可持续发展与水环境相互关系有了较深刻认识的基础上被提出来的。社会可持续发展与水环境的协调，仅仅从污染预防、治理方面考虑已经不能解决问题，必须从水环境系统结构功能和人类活动两个方面来分析。因此，水环境承载力的研究对象就是人类活动与水环境系统结构功能，把两方面有机地结合起来，以量化的手段表征出两个方面的协调程度，就是水环境承载力的研究目的。研究水环境承载力就是为保护现实的或拟定的水环境结构不发生明显的不利于人类生存的方向性改变，保障水环境系统功能的可持续正常发挥提供理论体系和评价方法。根据水环境可持续承载理论对区域性的人类社会活动进行规范，对经济发展行为在规模、强度或速度上提出限制。在人类社会发展过程中必然会排放大量废物，对环境造成重大压力，而人类所排放的各种废物不可超过环境的自净能力，即环境对废物的容纳量是有限度的，通过研究这个限度量的大小，用于指导社会发展的规模，对于协调流域经济—社会—环境可持续发展具有重大意义。

三、环境资源产权理论

环境资源对经济活动具有一定的承载能力，该特性决定了在一定条件下环境所能容纳的污染物和提供的自然资源量。当前，随着人口的增加和经济的增长，人们对环境资源的需求量增大。当人们对环境资源的利用已超越或接近环境承载力边缘时，环境资源的稀缺性就会迅速凸显，由此产生的环境资源分配和利用问题促进环境资源产权理论发展。

（一）环境资源产权的含义和性质

1. 环境资源产权的含义

到目前为止，理论界对于产权理论还没有形成完全一致的看法，对产权的定义也不止一个。产权经济学的代表人物对于产权的定义都发表过不同的见解。德姆塞茨（1994）对产权的定义是，指使自己或他人受益或受损的权利；诺斯（1991）给产权下了定义，本质上是一种排他性权利；配杰威齐（1994）把产权定义为"不是指人与物之间的关系，而是由物的存在及其关于它们的使用所引起的人们之间相互认可的行为关系"。产权安排确定了每个人对于物的行为规范，每个人都必须遵守与其他人之间的相互关系，或承担不遵守这种关系的成本。因此，对于共同体中通行的产权制度可以描述成"它是一系列用来确定每个人相对于稀缺物品使用时的地位的经济和社会关系"。比较上述几种产权定义，虽然在表述上有所不同，但是其对产权的理解并没有实质上的不同。归纳起来可以说：产权是人们在资源稀缺条件下使用资源的规则，这些规则依靠社会法律、习俗和道德来维护；产权是一组权利，是对某种救济物品的多种用途进行选择的权力；产权是行为权利，它反映的不是人与物的关系，而是在人们之间被相互认可的一组行为关系。简单地说，产权是关于财产的一组权利，财产权利束中最重要的部分就是财产的所有权、使用权、转让权和收益权。

基于产权的定义，本书将环境资源产权定义为，权利行为主体对环境资源拥有的所有、使用、转让、收益等各种权利的集合。环境资源产权涉及一系列影响资源利用的权利。完备的环境资源产权应该包括对环境资源利用的所有权利，包括环境资源所有权、使用权、转让权、收益权等。其中，环境资源产权既包括自然环境资源产权，也包括人工环境资源产权。

2. 环境资源产权的性质

环境资源产权作为一种特殊的资源产权，必然具有产权的一般性质，同时由于环境资源的特殊性，其又有不同于一般产权的一些特征。环境资源具有以下几个基本特征：

（1）环境资源产权具有排他性也具有非排他性。根据是否具有排他性的标准可以将产权分为排他性产权与非排他性产权。私人产权和公有产权恰好是产权的两类极端表现类型，私有产权具有很强的排他性，而公有产权则变现为明显的非排他性。环境资源产权既有公有产权又有私有产权。而且，根据产权的可分性，在所有权上具有公有产权性质的在其他权利上也可能具有私有产权的性质。在环境资源产权没有充分界定时，环境资源产权的排他性不明显，但是，随着环境资源稀缺性的逐渐明显，环境资源产权的界定越来越必要时，环境资源的排他性逐渐加强。同时，环境资源的产权完全充分被界定的可能性较小，因此，它也就必然存在一定程度的非排他性。总之，环境资源的排他性与非排他性并存，同时环境资源产权的排他性随着人口增加、经济增长而逐渐加强。

（2）环境资源产权具有可交易性。可交易性是产权的内在属性，当然也是环境资源产权的内在属性。可交易性既是产权能够成为产权的重要属性，也是环境资源产权发生作用和实现其功能的内在条件。环境资源产权具有一定的功能，如环境资源配置功能、环境资源需求者和供给者的收益分配功能以及降低环境资源主体交易成本功能等。环境资源产权的功能的实现在很大程度上依赖于环境资源产权的交易。其交易是环境资源产权主体在环境资源具有可交易性的前提下对这种性质的运用，是环境资源产权主体的一种经济行为。同时，环境资源产权具有可交易性，指为现实地进行环境资源产权交易提供了内在的可能性，这并不是说环境资源具有可交易性就能进行环境资源产权交易，还必须具备一定的政治、经济和社会条件。

（3）环境资源产权具有可分割性。环境资源产权的可分割性是指对特定的环境资源产权的各项权能可以分属于不同主体。例如，环境资源的所有权、使用权、收益权可以分属于不同的主体。环境资源产权的这种可分解性是产权所固有的，而不是被赋予的，只要是产权就具有这样的性质。当然，在看到环境资源产权具有可分割性的同时，也要看到这种可分割性是有限度的，并不是可以无限分解或者分得越细越好。由于环境资源产权的实质是不同产权主体之间的救济关系，不同权项的划分必须在不同的产权主体间进行，环境产权主体是不可无限度细分的，因此环境资源产权的可分性也就必然受到限制。环境资源产权的可分解性达到什么程度、现实中分解到什么程度，取决于社会救济发展达到什么状况。

（4）环境资源产权具有行为性。环境资源产权的行为性就是环境资源产权主体在各自的权利界区内有权做什么、不做什么，有权阻止别人做什么，必须做什么等的性质。正是因为环境资源产权具有权能的内容，才表现出行为性。环境资源产权的流动是依靠环境资源主体的行为驱动的，如果没有环境资源产权主体的行为，就不可能实现环境资源产权的利益。环境资源产权主体可能具有多种行为，每一种行为都由行为目标、行为过程和行为结果三个相关因素构成。因此，环境资源产权的行为性是由行为目标、行为过程和行为结果三个因素构成的，这也是环境资源产权行为的内在结构。

（二）环境资源产权的主客体

1. 环境资源产权的主体

讨论环境资源产权主体，必然着眼于环境资源的特性。从自然环境的特性来看，自然环境具有显著的纯公共物品特征，具体表现为消费的非排他性、非竞争性和供给的不可分性，因此其产权主体应该属于全体公民。但由于每个公民不能单独行使对环境资源的权利，通常是政府作为公众的代理人，行使管理、利用和分配环境资源的权利，以便能够有效地保证自然环境资源的良性循环和公平分配，从这一角度来看，自然环境资源产权主体又包括国家或政府。从人工环境资源来看，人工环境资源具有明显的准公共物品特征，即只具有部分的非排他性、非竞争性和不可分性，因而其产权主体既可以是全体公民或国家，也可以是某个社会经济实体或公共组织。无论是自然环境资源还是人工环境资源，一定的社会经济实体都可以通过产权的分割而拥有部分产权，如使用权、转让权和收益权等，从这一角度出发，环境资源产权的主体又包括社会经济实体如企业。综上所述，环境资源产权的主体大体上包括全体公民、国家、社会经济实体或公共组织。

2. 环境资源产权的客体

要理解环境资源产权的客体，首先必须明确什么是环境资源。借鉴《环境保护法》中对环境的定义，将环境资源定义为影响人类生存和发展的各种天然的和经过人工改造的自然因素的总体，包括大气、水、海洋、土地、森林、草原、自然保护区、风景名胜区等。这些能够为人们提供生产和生活所必需的要素，如清洁的空气和水，同时也能吸纳人们生产和生活所排放的废物，如废水、废气和废渣。环境资源既包括自然环境资源也包括人工环境资源，它是人们进行生产和生活所必要的要素，尤其是适合人们健康生存和可持续发展的外部要素。明确了环境资源的含义，就可以界定环境资源的产权客体。环境资源产权客体可分为自然环境资源的产权客体和人工环境资源的产权客体。自然环境资源的产权客体是指在人类出现之前就存在的所有自然环境资源；人工环境资源产权客体是指经过人类活动形成的有利于人们生产和生活的各种环境资源，如人工森林、草场等资源。与通常的产权客体相比，环境资源产权客体具有较大的不确定性和模糊性。

（三）环境资源产权的内容

环境资源产权是行为主体对环境资源拥有的一组权利，主要包括环境资源所有权、环境资源使用权、环境资源转让权和环境资源收益权，其具体内容如下：

1. 环境资源所有权

环境资源所有权是指各种环境资源包括自然环境资源和人工环境资源归谁所有。大多数情况下，自然环境资源如大气资源、水资源、海洋资源等的所有权都归全民所有，并由国家或政府代理行使所有者的权利。当前，人工环境资源如人工森林、人工草场等的所有权则与自然环境资源的所有权存在一定差异，它可能属于一定的集体，也可能属于法人组织或者社会团体。环境资源所有权是环境资源产权中最基本的权利，也是其他各项权能的基础。当然，环境资源产权中所有权和其他几项权能也可以分割。

2. 环境资源使用权

与环境权一样，环境资源产权的核心也在于保障人类现在和将来世代对环境的使用，以获得满足人类生存需要和经济社会发展的必要条件。因此，环境资源使用权可以说是环境产权中最重要的权利。环境资源使用权主要包括：个人使用环境资源的权利，如个人利用必要的环境资源进行生产和生活的权利；企业和法人组织使用环境资源的权利，如企业和法人组织利用必要的环境资源要素进行物质生产活动的权利或在物质生产活动中向外排污的权利。环境资源使用权的获得有些是在约定俗成下自然获得，如个人使用自然环境资源的权利；有些是按一定程序无偿或有偿获得，如企业获得排污的权利。所以，不管是以哪种形式获得的环境资源使用权都会受到一定规则的约束，如习俗、法律等。

3. 环境资源转让权

环境资源转让权主要指两种权利的转让，分别是环境资源所有权和环境资源使用权。由于自然环境资源的所有权属于全体人民并由政府代理，所有自然环境资源的所有权不可转让，而人工环境资源的所有权则可能属于一定的集体或法人组织，它的所有权可以在一定的规则下进行转让。环境资源使用权的转让主要是指企业和法人组织按一定程序转让环境使用权，如遵照指标的废水、废气排放权的转让。为了提高环境资源使用效率，激励环境资源的供给，环境资源的转让应采取有偿方式，使提供环境资源的自然人、集体和法人获得收益，从而产生激励效果；使转让环境使用权比如排污权的企业获得经济补偿从而产生技术改进、集约生产的激励效果。

4. 环境资源收益权

环境资源收益权指环境资源产权拥有者通过环境资源产权运作获得收益的权利。主要包括以下内容：政府可以通过向自然环境资源使用者征税获得收入，并以补贴的方式使自然环境资源的主要贡献者能够获得收益；人工环境资源所有者有权通过一定程序出让其环境资源的所有权获得收益；政府可以通过一定的方式出让环境资源使用权获得收益；获得环境资源使用权的集体、法人单位和个人可以通过转让环境资源使用权获得收益。

理论启示：排污权是一种特殊的环境资源使用权利，它是对环境容量这一稀缺资源的明确界定和分配。排污权的分配并允许其交易大大减少了环境政策的执行成本，同时，环境资源使用中的"产权拥挤"问题也得到了解决，使用者在追求自身利益最大化的同时，将使整个社会的利益实现最大化，使环境容量资源得到高效配置。

第三章
基于水环境承载力的排污权
初始分配体系构建

第一节　概述

一、必要性与意义

排污权初始分配是近年国际上普遍采用的环境管理措施，主要通过限制和削减污染物的排放总量达到改善区域环境质量的目的。总量控制是根据所要实现的环境质量控制目标，将所辖地域或空间当作一个整体进行研究，并确定一定时间内该区域可容纳的污染物总量，采取适当措施使排入这一区域内各类污染源污染物总量不超过可容纳污染物总量，以保证环境质量目标的实现。科学构建排污权初始分配体系，制定污染物排放总量并进行合理分配，是改善区域生态环境质量的重要举措和途径。

水环境质量目标的确定以区域水环境容量为基础，较大的环境容量可以在保持一定环境质量目标的前提下，具有更多的社会经济发展空间。从可持续发展理念以及保持环境与社会经济协调发展的角度出发，环境质量管理必须从浓度控制逐步转为排污总量控制，而总量控制指标的确定和分配建立在环境容量基础之上。

环境容量是污染物总量控制的基础，总量控制指标反映了环境容量资源的生态价值和容量资源的稀缺性，根据已计算出的环境容量，判断各控制区是否需削减污染物。若所计算出的环境容量值为负，表示控制区不能满足目标环境容量要求，控制区应削减污染物量；环境容量值为正，则表示控制区满足目标环境容量要求，可以接纳新增加污染源排污量；若环境容量恰好为零，则表示控制区纳污量与目标环境容量要求达到平衡。在环境容量为零的情况下，对于建设项目就要严格控制，其发展项目立项与否取决于对现有污染物能否削减及削减量的多少，只有在通过削减现有污染物排放量腾出容量的前提下才可考虑发展建设项目。

通过研究社会经济发展的"环境承载上限"，以环境容量为约束，科学评估水环境承载力，可为流域/区域间实施污染物排放总量控制、排污权初始分配和排污权交易等现代环境管理工具提供重要的科学依据。

二、构建基本原则

基于水环境承载力的排污权初始分配体系构建，必须以水生态环境质量为核心，以水环境承载力为基础，以污染减排和生态扩容两个方面提升区域水环境承载力，统筹水资源利用、水生态保护和水环境治理，科学安排区域水环境污染物排放总量和排污权分配，创新区域水环境排污权初始分配机制。

基于水环境承载力的排污权初始分配体系构建，遵循以下基本原则：

（一）"三水"统筹，系统治理

坚持山水林田湖草是一个生命共同体的科学理念，统筹水资源、水生态、水环境，以水环境承载力和区域纳污能力为基础，综合考虑环境效益、经济效益和社会效益，系统推进工业、农业、生活源污染治理，河湖生态流量保障，生态系统保护修复和风险防控等任务。

（二）突出重点，明确目标

以县域典型的水环境污染、水生态破坏、生态流量匮乏等突出生态环境问题为重点，衔接"河长"治理目标，提出 Z 县排污权初始分配管理的目标。

（三）实事求是，因地制宜

客观分析当地水生态环境质量状况、生态环境保护工作基础和经济社会发展现状，结合 Z 县水环境、水资源、水生态禀赋等不同特点，实施差异化、精细化管理，系统设计针对性的排污权初始分配管理措施。

（四）科学合理，公平可行

建立 Z 县、各功能分区及控制单元水环境承载力核算和排污权总量审核，并根据各年度社会经济发展、水质响应等情况，以水质达标为目标，将污染物总量控制与水环境承载力衔接对区域排污权总量进行动态调整，做到差异化、精细化的区域排污权分配。

三、方法路线与管理流程

（一）方法路线

构建基于水环境承载力的排污权初始分配管理体系，以现状评价的水环境承载力为基数进行排污权分配，依据不同功能区的水环境功能目标（环境质量目标），结合不同分区的纳污能力测算出各要素的环境承载力（环境容量），进而通过初始分配将允许容量配置到各个排放源。当排污单位总量控制指标受技术与经济条件严重制约，工矿企业需削减排污权的，管理部门可分阶段地下达总量削减指标，以客观的、科学的、人性化的管理方式达到允许总量控制指标。

（二）管理流程

1. 分区管控

逐步建立基于环境质量的区域减排总量确定方法。结合 Z 县各功能分区水环境质量改善要求和经济社会发展趋势，运用污染源—水质响应模型、排污绩效分析等方法，差别化确定 Z 县各功能分区、各行业的水环境污染物的排污权。在环境质量不达标的区域，需要实施差别化和精细化的排污权初始分配。

2. 分时管控

建立基于不同水期时段（丰水期、平水期、枯水期）的 Z 县各区域水环境污染物排放总量及排污权初始分配量。结合 Z 县现有的水环境质量目标，科学统筹规划，编制实现水环境质量目标的分时段污染物减排规划，确定高污染季节状况下企业允许的季（日）排放量，推动工业企业错峰生产和重污染削峰。制定丰水期、平水期、枯水期差异化的排放控制要求。

（三）分行业企业管控

以行业排污绩效和社会经济效益为基础，围绕水环境质量目标，建立基于不同行业、不同企业的 Z 县水环境排污权初始分配管理办法。当前，行业排放总量核算根据排污权证申请与核发的技术规范来确定，排污权证根据现有行业的生产工艺水平确定了行业的"天花板"排放总量核算方法。基于行业的生产工艺水平不断提高和人们对环境质量的需求日益提高，行业的总量核算方法应相应变化。针对不同行业，编制行业污染治理的最佳可行技术指南，从源头上减少行业污染排放，最终实现区域总量减排。

第二节　体系框架及关键技术

一、实施机制

基于水环境承载力的排污权初始分配体系，以"一点两线"（水环境质量状态一点，污染减排和生态扩容两条主线）理念为出发点，通过水环境承载力评估，对水环境承载力状态属于未超载区，进行基于绩效的排污权分配和调控；对于水环境承载力超载区，特别是水环境质量不达标地区，通过提高企业点源排放标准或加严许可排放量等污染减排措施，以及面源污染控制等措施，推动改善水环境质量。上述内容的实施机制如下：

（一）预警机制

开展各功能区、各时段水环境承载力状态和数量评估，分析水环境承载力的空间和时间动态变化，提出水环境承载力超载和临界超载的预警机制，建立相应的警情响应机制。

（二）长效机制

对水环境承载力的时空动态变化，以污染源—水质响应模型及社会经济发展状态，分析水环境承载超载的成因解析和责任追查机制，提出流域上下游、区域间产业发展和水环境保护协同机制，构建流域上下游水资源、水环境、水生态监督补偿制度和排污权交易管理制度。

（三）调控机制

对于水环境承载力超载和临界超载区，通过流域上下游水资源配置、水环境质量改善、水生态系统恢复重建以及土地生态功能提升途径实现水环境承载力的扩容；同时通过产业结构调整、生产方式和生活方式改进以及产业空间的优化布局等立体调控实现污染减排和水环境容量的合理利用。

二、体系框架

基于水环境承载力的排污权初始分配体系框架如图 3-1 所示。

三、关键技术

首先，通过划定水生态功能分区，构建水环境承载力评估指标体系，开展各水生态功能分区水环境承载力评估，进行水环境承载力的时空分析，主要包括时间序列的纵向比较以及空间序列的横向比较，为排污权初始分配、水环境承载力提升及预警奠定基础。

其次，在水环境承载力评估的基础上，计算水环境容量及污染物限排总量，通过非点源污染负荷核定及储备余量确定工业点源许可分配量，采用基于现行"吨产品污染物排放量"的单一绩效分配技术构建组合绩效分

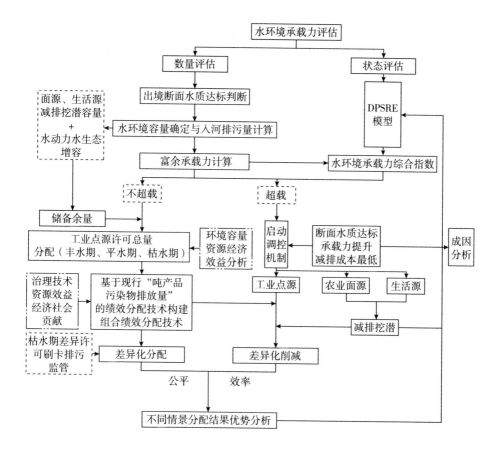

图 3-1 基于水环境承载力的排污权初始分配体系框架

配技术进行差异化分配，在水环境承载力超载的情况下系统考虑点源、面源和生活源的减排潜力，并进行差异化削减。

第四章
Z县水生态功能区划分与污染状况

第一节　Z县整体概况

一、自然条件

　　Z县地处浙江省北部，属太湖流域，介于东经119°33′~120°06′，北纬30°43′~30°11′，北与江苏省宜兴市交界，西与安徽省广德县相邻，西南、东南方向和本省的安吉县、湖州市吴兴区接壤，东北隔太湖与苏州、无锡相望，总面积约为1431平方千米。属于亚热带海洋性季风气候，气候温暖湿润、日照时间长、降水丰富、四季分明、雨热同季。历年平均气温15.6℃，年均降水量为1335.1毫米，属于南方湿润地区，降水量年际变化较大，近十年来降水量最高在2016年，达到了2172.2毫米，最低为2013年的1087.9毫米，变化显著，年内降水主要分布在3~9月，其间总降雨量占全年降水量的75%以上。Z县属太湖流域，境内河流数目众多，错综复杂，山区为溪涧及山塘水库，主要水系有南部的西苕溪水系、中部的泗安溪和长兴平原水系、东部的平原河网与运河。其中西苕溪和泗安溪为跨省、县河流,其余水系皆在Z县境内,北部水系起源于西部山区,由西向东流入太湖,全县水域面积95.3平方千米,水域率6.7%。县内现有河流550条,总长1631.6千米,水域面积88.88平方千米,水域率6.21%。其中,山区河道102条,长431千米,水域面积6.85平方千米;小二型以上水库35座,水域面积22.72平方千米;山塘1185座,水域面积6.03平方千米;3000平方米以上池塘764座,水域面积7.21平方千米,流量大于0.5立方米/秒的渠道9条,长19.7千米,水域面积0.0992平方千米。按省、市、区三级划分,其中,省级河流1条、市级河流5条、县级及县级以下河流544条,20条河能通航,全长59千米(见图4-1)。

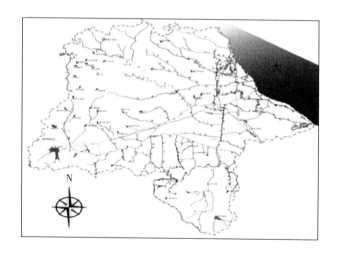

图4-1 Z县水系图

二、经济社会状况

Z县现设有9个镇:煤山镇、夹浦镇、李家巷镇、洪桥镇、泗安镇、和平镇、小浦镇、林城镇、虹星桥镇;4个街道:龙山街道、雉城街道、画溪街道、太湖街道;2个乡:水口乡、吕山乡。全县总面积1431平方千米，截至 2018 年底，Z 县总人口为 63.64 万人，其中城镇人口为 34.64 万人；实现地区生产总值 609.78 亿元，同比增长 8.5%，其中第一产业、第二产业、第三产业增加值分别为 33.39 亿元、300.41 亿元、275.97 亿元，分别增长 3.1%、8.6%、9.1%；人均地区生产总值 95961 元。2018 年，全县农林牧渔业总产值 60.58 亿元，同比增长 2.3%；全县工业总产值 1155.21 亿元，全年完成工业增加值 274.03 亿元，年主营业务收入超亿元的企业 19 家。

三、水环境状况

通过对 Z 县出入境断面水质历年监测结果分析发现（见图 4-2），自 2014 年以来，Z 县 6 个主要出入境断面水质呈逐年改善态势。2017~2018 年，各断面主要水质指标除小部分时间段外，均能达到地表水环境质量Ⅲ类水标准要求，但仍存在波动变化的态势。从空间分布上看，县内西苕溪附近 3 个断面的水质好于入太湖河道 3 个断面的水质，表明 Z 县域入河污染物排放会对入太湖河道水质产生一定的影响。

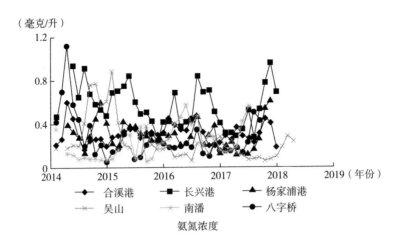

图 4-2　Z 县出入境断面水质历年监测结果

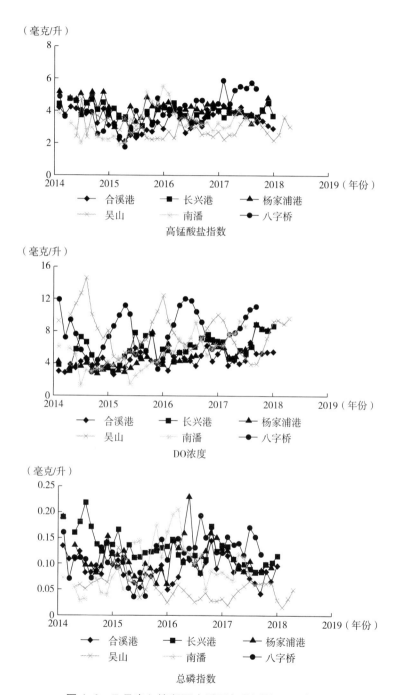

图4-2　Z县出入境断面水质历年监测结果（续图）

四、区域主要水环境问题

Z县是太湖流域典型的河网地区，水系发达，水资源非常丰富，但随着社会经济的发展、各行业用水量的增加而导致的水污染问题，以及由此引发的其他生态环境问题。归纳起来，主要体现在：①境内污染源众多，主要包括污水处理厂排污口 13 个、农村生活污水处理终端排污口 510 个、工矿企业废水直接进入水环境排污口 3 个以及 654 个圩区闸口［排放的污水主要为农田排出的氮（N）、磷（P）含量高的水体、水产养殖尾水以及生活污水］，部分农村产生的污水未能得到及时和有效的处理，大量生产生活污水直接排入河道，导致部分河段水污染严重。②农业种植业面源负荷高，水体总氮（TN）指标污染严重。根据 Z县 18 个控制断面监测结果可知，Z县各监控断面总氮（TN）指标超标严重（均为 V 类），水质浓度>2 毫克/升。③属于平原河网地区，水体流动缓慢，水质净化能力差，河流水污染严重，蓝藻现象频发。④境内河流多为航道，河岸带硬化严重，导致河道景观破坏严重，水生态环境不容乐观。

第二节　Z县水生态功能区划分

自从"水生态功能区"的概念提出以来，国内外学者开展了大量相关研究，逐步被许多国家的政府部门作为基本管理单元应用到水资源管理中，它的提出使水环境管理者开始在关注水污染控制问题的同时，重视水生态系统结构和功能的保护。本节针对 Z县水生态特征，建立 Z县一、二级水生态功能分区的指标体系和分区方法，完成 Z县水生态功能二级分区。

一、分区原则和指标选取

（一）分区原则

县域水生态功能分区主要是基于县域水系空间特征，反映其与环境之间的响应关系的区域单元，划分时主要考虑的因素包括气候、土地利用、土壤、植被、地形地貌、水质、水生生物、人类活动等，着重考虑流域生态和自然属性，体现流域生态系统管理的理念，强调协调性和重点分明的思路。根据《生态功能区划暂行规程》和《全国生态功能区划》的区划原则确定分区时应遵守七大原则，分别是可持续发展原则、发生学原则、区域相关性原则、相似性与差异性原则、生态完整性原则、时空尺度原则和跨界管理原则。

（二）指标选取

指标体系的建立是县域水生态功能分区过程中极其重要的环节，也是县域水生态功能分区的重要依据，并直接影响分区过程的科学性和分区结果的合理性。综合考虑 Z 县水系地形地貌、土壤植被、降雨水平、水资源利用、土地利用、水环境、水生态等指标，构建了 Z 县水生态功能分区一级指标体系，并利用主成分分析法对一级分区指标进行了筛选，以避免指标之间的相关性导致的数据冗余，经过 SPSS 软件的计算，筛选得到两个主成分，占总体特征根的 75.1%，主成分 1 描述了 58.4%的变量，与高层和坡度相关性较高，代表地形因子；主成分 2 描述了 16.7%的变量，与多年平均降雨量、多年平均气温、10℃以上积温相关性较高，代表气候因子（见表 4-1）。此后，对指标之间的相关性进行了分析，再结合主成分分析的结果筛选得到 DEM 高程、多年平均降雨量和多年平均气温作为一级分区指标。

表 4-1　一级分区指标主成分分析结果

变量	主成分 1	主成分 2
DEM 高程	0.54	−0.15
坡度	0.46	0.26
多年平均降雨量	0.21	0.49
多年平均气温	−0.35	0.47
10℃以上积温	−0.36	0.49

变量	主成分 1	主成分 2
人口密度	−0.03	−0.02
NDVI	0.44	0.46

利用典范相关性分析对二级分区指标进行处理,以筛选出与水质、水生生物多样性相关性大的环境指标作为分区依据。指标数据经过 CANOCO 软件计算后,分析得出 NDVI 和人口密度与第一轴相关性较高,土地利用和土壤类型与第二轴相关性较高,因此,筛选出土地利用、土壤类型、NDVI 和人口密度作为二级分区指标。

二、Z 县水生态功能分区

根据 Z 县 DEM 高程、土地利用和人口密度的空间差异性,将主要水系和汇水单元纳入考量,同时兼顾管理的可行性及分区典型性和实践可操作性,将县划分为 7 个水生态功能分区(见图 4-3)。

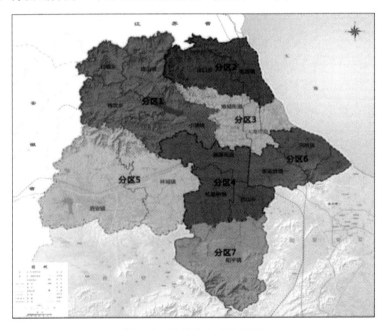

图 4-3　Z 县生态功能分区

第三节　各生态功能分区污染状况

当前，我国水环境污染主要集中在以化学需氧量（COD）、氨氮（NH$_3$-N）、总氮（TN）和总磷（TP）等为主的各类水体污染物。由于篇幅限制，本节主要讨论与后续章节相衔接的分区 2、分区 3 和分区 7 的 COD 和 NH$_3$-N 两种污染物 2018 年的排放情况。

一、分区 2 污染物排放情况

（一）分区 2 基本情况分析

分区 2 由水口乡、夹浦镇 2 个乡镇组成，共有人口 47796 人，该区工矿企业以化纤织物染整精加工行业为主，农业作物种植以水果、水稻和蔬菜为主，控制断面为竹园桥（水口乡）、双渡桥和夹浦桥（夹浦镇），纳污水体为金沙涧、夹浦港、王长港、双港、北塘港和北横港。

（二）COD 排放情况分析

1. COD 排放整体情况分析

分区 2 的 2018 年 COD 排放总量为 2198.49 吨，其中工业点源排放 130.48 吨、生活源排放 1256.08 吨、种植业面源排放 574.4 吨、养殖业面源排放 237.53 吨。各污染源 COD 排放量及贡献率如图 4-4 所示。

从图 4-4 可以看出，该区 COD 排放主要来自生活源，占该区 COD 排放总量的 57.13%；其次来自种植业面源，占该区 COD 排放总量的 26.13%；养殖业面源 COD 排放量占该区 COD 排放总量的 10.80%；工业点源 COD 排放量只占到该区 COD 排放总量的 5.93%。接下来进一步对该区丰水期、平水期、枯水期进行分析。

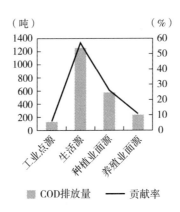

图4-4 分区2各污染源COD排放量及贡献率

（1）丰水期COD排放情况分析。丰水期COD排放总量为944.61吨，其中工业点源排放44.66吨、生活源排放418.69吨、种植业面源排放402.08吨、养殖业面源排放79.18吨。丰水期各污染源COD排放量及贡献率如图4-5所示。

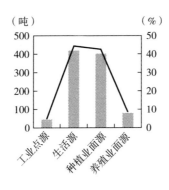

图4-5 分区2丰水期各污染源COD排放量及贡献率

从图4-5可以看出，丰水期间该区COD排放主要来自生活源和种植业面源，分别占该区COD排放总量的44.32%和42.57%。养殖业面源占该区 COD 排放总量的 8.38%，工业点源 COD 排放量只占到该区 COD 排放总量的 4.73%。

（2）平水期 COD 排放情况分析。平水期 COD 排放总量为 656.10 吨，其中工业点源排放 43.35 吨、生活源排放 418.69 吨、种植业面源排放 114.88 吨、养殖业面源排放 79.18 吨。平水期各污染源 COD 排放量及贡献率如图 4-6 所示。

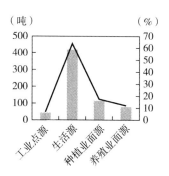

图 4-6　分区 2 平水期各污染源 COD 排放量及贡献率

从图 4-6 可以看出，平水期间该区 COD 排放主要来自生活源，占该区 COD 排放总量的 63.82%，其次来自种植业面源，占该区 COD 排放总量的 17.51%。养殖业面源占该区 COD 排放总量的 12.07%，工业点源 COD 排放量只占到该区 COD 排放总量的 6.61%。

（3）枯水期 COD 排放情况分析。枯水期 COD 排放总量为 597.58 吨，其中工业点源排放 42.27 吨、生活源排放 418.69 吨、种植业面源排放 57.44 吨、养殖业面源排放 79.18 吨。枯水期各污染源 COD 排放量及贡献率如图 4-7 所示。

从图 4-7 可以看出，枯水期间该区 COD 排放主要来自生活源，占该区 COD 排放总量的 70.06%，其次来自养殖业面源，占该区 COD 排放总量的 13.25%。种植业面源占该区 COD 排放总量的 9.61%，工业点源 COD 排放量只占到该区 COD 排放总量的 7.07%。

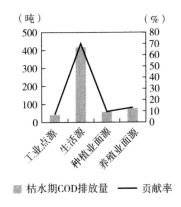

图 4-7 分区 2 枯水期各污染源 COD 排放量及贡献率

（4）丰水期、平水期、枯水期三个时期 COD 排放量对比分析。

1）丰水期、平水期、枯水期三个时期 COD 排放总量对比分析。通过对丰水期、平水期、枯水期三个时期 COD 排放总量的对比分析发现，COD 排放量在丰水期会略多于平水期和枯水期，占到全年 COD 排放总量的 42.97%。图 4-8 显示了不同时期 COD 的排放总量。

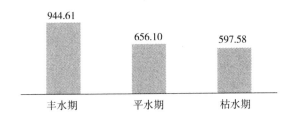

图 4-8 分区 2 不同时期 COD 排放总量（单位：吨）

2）丰水期、平水期、枯水期三个时期工业点源 COD 排放对比分析。通过对丰水期、平水期、枯水期三个时期工业点源 COD 排放进行比较，工业点源 COD 排放主要集中在丰水期，占到工业点源 COD 排放总量的 34.28%。工业点源 COD 排放分别在平水期和枯水期占到工业点源全年 COD 排放总量的 33.27% 和 32.45%。说明工业点源在丰水期的生产强度略高于在平水期和枯水期的生产强度。各时期工业点源生产COD排放总量如图4-9所示。

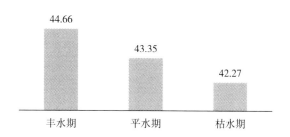

图4-9 分区2不同时期工业点源生产COD排放总量（单位：吨）

3）丰水期、平水期、枯水期三个时期种植业面源COD排放对比分析。通过对丰水期、平水期、枯水期三个时期种植业面源COD排放进行比较，种植业面源COD排放主要集中在丰水期，占到全年种植业面源COD排放总量的70%。种植业面源COD排放分别在平水期和枯水期占到种植业面源全年COD排放总量的20%和10%。说明该区农耕施肥集中在丰水期时期。各时期种植业面源COD排放总量如图4-10所示。

图4-10 分区2不同时期面源种植业COD排放总量（单位：吨）

2. COD排放行业比较

分区2只有1个化纤织物染整精加工行业，拥有大中型工矿企业11

家。2018年，化纤织物染整精加工行业COD排放量为130.48吨。通过计算单位COD排放所对应的产值、税收、就业人数和R&D投入等指标，对化纤织物染整精加工行业进行评价，结果如表4-2所示。

表4-2　分区2化纤织物染整精加工行业评价结果

行业 \ 指标	R&D/COD（万元/吨）	税收/COD（万元/吨）	产值/COD（万元/吨）	就业/COD（人/吨）
化纤织物染整精加工行业	40.28	67.42	1444.52	25.75

3. COD排放企业比较

分区2所属企业，全部都是化纤织物染整精加工行业。2018年，工业点源COD排放总量为130.48吨，各企业COD排放量及贡献率如图4-11所示。

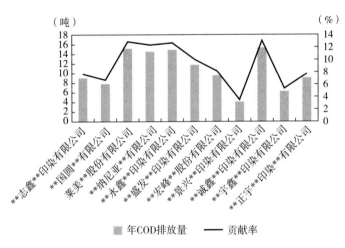

图4-11　分区2不同企业年COD排放量及贡献率

通过图4-11发现，＊＊诚鑫＊＊印染有限公司年COD排放量最大，达到17.01吨，占该区所有企业年COD排放量的13.04%；年COD排放量最小的是＊＊景兴＊＊印染有限公司，只有4.56吨，占该区所有企业年COD

排放量的 3.50%。该区企业年 COD 平均排放量为 11.86 吨，其中超过 COD 排放量平均值的企业有 5 家，分别为莱美＊＊股份有限公司、＊＊纳尼亚＊＊有限公司、＊＊永鑫＊＊印染有限公司、＊＊盛发＊＊印染有限公司和＊＊诚鑫＊＊印染有限公司。

（1）丰水期 COD 排放企业比较。2018 年，丰水期工业点源 COD 排放总量为 44.66 吨，各企业丰水期 COD 排放量及贡献率如图 4-12 所示。

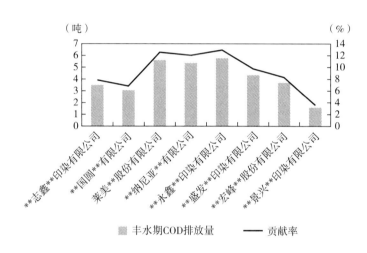

图 4-12　分区 2 不同企业丰水期 COD 排放量及贡献率

通过图 4-12 分析发现，＊＊永鑫＊＊印染有限公司丰水期 COD 排放量最大，达到 5.77 吨，占该区所有企业丰水期 COD 排放量的 17.53%；丰水期 COD 排放量最小的是＊＊景兴＊＊印染有限公司，只有 1.59 吨，占该区所有企业丰水期 COD 排放量的 4.83%。该区企业丰水期 COD 平均排放量为 4.12 吨，其中超过丰水期 COD 排放量平均值的企业有 4 家，分别为莱美＊＊股份有限公司、＊＊纳尼亚＊＊有限公司、＊＊永鑫＊＊印染有限公司、＊＊盛发＊＊印染有限公司。

（2）平水期 COD 排放企业比较。2018 年，平水期工业点源 COD 排放总量为 43.35 吨，各企业平水期 COD 排放量及贡献率如图 4-13 所示。

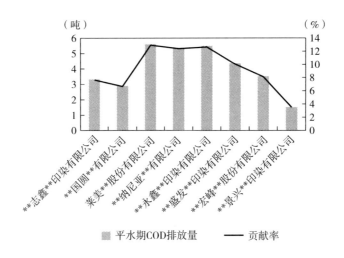

图 4-13　分区 2 不同企业平水期 COD 排放量及贡献率

通过图 4-13 分析发现，＊＊莱美＊＊股份有限公司平水期 COD 排放量最大，达到 5.64 吨，占该区所有企业平水期 COD 排放量的 13.00%；平水期 COD 排放量最小的是＊＊景兴＊＊印染有限公司，只有 1.51 吨，占该区所有企业平水期 COD 排放量的 3.49%。该区企业平水期 COD 平均排放量为 3.94 吨，其中超过平水期 COD 排放量平均值的企业有 5 家，分别为莱美＊＊股份有限公司、＊＊纳尼亚＊＊有限公司、＊＊永鑫＊＊印染有限公司、＊＊盛发＊＊印染有限公司和＊＊宏峰＊＊股份有限公司。

（3）枯水期 COD 排放企业比较。2018 年，枯水期工业点源 COD 排放总量为 42.47 吨，各企业枯水期 COD 排放量及贡献率如图 4-14 所示。

通过图 4-14 分析发现，莱美＊＊股份有限公司枯水期 COD 排放量最大，达到 5.6 吨，占该区所有企业枯水期 COD 排放量的 13.20%；枯水期 COD 排放量最小的是＊＊景兴＊＊印染有限公司，只有 1.46 吨，占该区所有企业枯水期 COD 排放量的 3.43%。该区企业枯水期平均排放量为 3.86 吨，其中超过枯水期 COD 排放量平均值的企业有 5 家，分别为莱美＊＊股份有限公司、＊＊纳尼亚＊＊有限公司、＊＊永鑫＊＊印染有限公司、＊＊盛发＊＊印染有限公司和＊＊诚鑫＊＊印染有限公司。

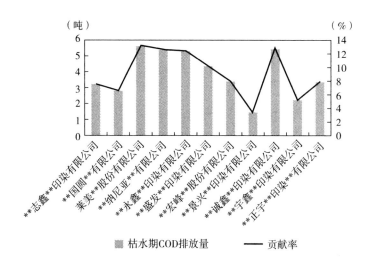

图4-14　分区2不同企业枯水期COD排放量及贡献率

4. COD排放企业绩效分析

（1）单位COD排放对应产值。对该区企业进行单位COD排放对应产值计算，结果如图4-15所示，发现＊＊志鑫＊＊印染有限公司单位COD排放对应产值最高，达到2991.75万元；其次是＊＊盛发＊＊印染有限公司，达到2911.12万元；单位COD排放对应产值最低的是＊＊景兴＊＊印染有限公司，只有531.62万元。

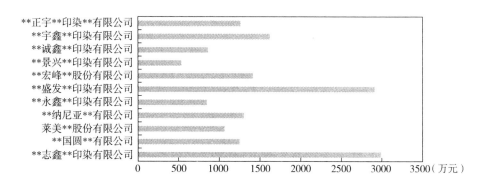

图4-15　分区2单位COD排放对应产值

（2）单位 COD 排放对应税收。对该区企业进行单位 COD 排放对应税收计算，结果如图 4-16 所示，发现 ＊＊盛发＊＊印染有限公司单位 COD 排放对应税收最多，达到 171.15 万元；最少的是 ＊＊正宇＊＊印染＊＊有限公司，为 39.74 万元。

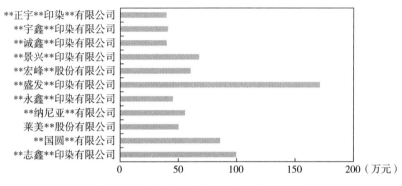

图 4-16　分区 2 单位 COD 排放对应税收

（3）单位 COD 排放对应 R&D 投入。对该区企业进行单位 COD 排放对应 R&D 投入计算，结果如图 4-17 所示，发现 ＊＊盛发＊＊印染有限公司单位 COD 排放对应 R&D 投入最大，达到 76.61 万元；最小的是 ＊＊志鑫＊＊印染有限公司，只有 1.60 万元。

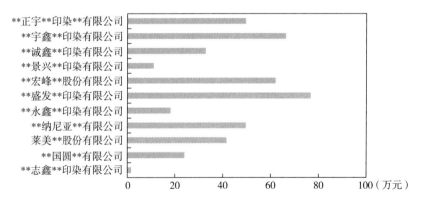

图 4-17　分区 2 单位 COD 排放对应 R&D 投入

（4）单位 COD 排放对应就业人数。对该区企业进行单位 COD 排放对应就业人数计算，结果如图 4-18 所示，发现 ＊＊志鑫＊＊印染有限公司单位 COD 排放对应就业人数最多，达到 39.89 人；最少的是 ＊＊纳尼亚＊＊有限公司，只有 14.58 人。

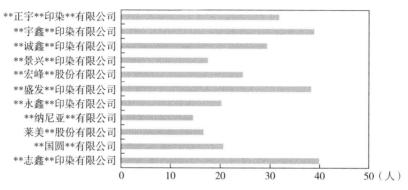

图 4-18　分区 2 单位 COD 排放对应就业人数

（三）NH_3-N 排放情况分析

1. NH_3-N 排放总体情况分析

分区 2 的 2018 年 NH_3-N 排放总量为 322.84 吨，其中工业点源排放 3.61 吨、生活源排放 156.58 吨、种植业面源排放 114.88 吨、养殖业面源排放 47.77 吨。各污染源 NH_3-N 排放量及贡献率如图 4-19 所示。

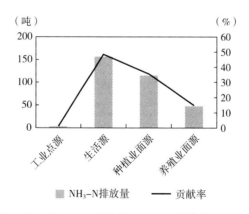

图 4-19　分区 2 各污染源 NH_3-N 排放量及贡献率

从图 4-19 可以看出，该区 NH$_3$-N 排放主要来自生活源，占该区 NH$_3$-N 排放总量的 48.50%；其次来自种植业面源，占该区 NH$_3$-N 排放总量的 35.58%；工业点源排放 NH$_3$-N 的量只占到该区 NH$_3$-N 排放总量的 1.12%。

（1）丰水期 NH$_3$-N 排放情况分析。丰水期 NH$_3$-N 排放总量为 149.97 吨，其中工业点源排放 1.44 吨、生活源排放 52.19 吨、种植业面源排放 80.42 吨、养殖业面源排放 15.92 吨。丰水期各污染源 NH$_3$-N 排放量及贡献率如图 4-20 所示。

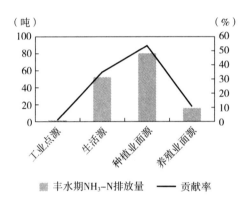

图 4-20　分区 2 丰水期各污染源 NH$_3$-N 排放量及贡献率

从图 4-20 可以看出，丰水期间该区 NH$_3$-N 排放主要来自种植业面源，占该区 NH$_3$-N 排放总量的 53.62%；其次来自生活源，占该区 NH$_3$-N 排放总量的 34.80%；养殖业面源 NH$_3$-N 排放量占该区 NH$_3$-N 排放总量的 10.62%；工业点源排放 NH$_3$-N 的量只占到该区 NH$_3$-N 排放总量的 0.96%。

（2）平水期 NH$_3$-N 排放情况分析。平水期 NH$_3$-N 排放总量为 92.34 吨，其中工业点源排放 1.25 吨、生活源排放 52.19 吨、种植业面源排放 22.98 吨、养殖业面源排放 15.92 吨。平水期各污染源 NH$_3$-N 排放量及贡献率如图 4-21 所示。

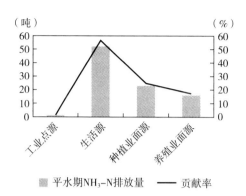

图4-21　分区2平水期各污染源NH₃-N排放量及贡献率

从图4-21可以看出,平水期间该区NH₃-N排放主要来自生活源,占该区NH₃-N排放总量的56.52%;其次来自种植业面源,占该区NH₃-N排放总量的24.88%;养殖业面源NH₃-N排放量占该区NH₃-N排放总量的17.24%;工业点源NH₃-N排放量只占到该区NH₃-N排放总量的1.35%。

(3)枯水期NH₃-N排放情况分析。枯水期NH₃-N排放总量为80.51吨,其中工业点源排放0.91吨、生活源排放52.19吨、种植业面源排放11.49吨、养殖业面源排放15.92吨。枯水期各污染源NH₃-N排放量及贡献率如图4-22所示。

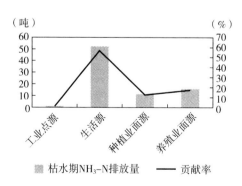

图4-22　分区2枯水期各污染源NH₃-N排放量及贡献率

从图 4-22 可以看出，枯水期间该区 NH_3-N 排放主要来自生活源，占该区 NH_3-N 排放总量的 64.82%；其次来自养殖业面源，占该区 NH_3-N 排放总量的 19.78%；种植业面源 NH_3-N 排放量占该区 NH_3-N 排放总量的 14.27%；工业点源 NH_3-N 排放量只占到该区 NH_3-N 排放总量的 1.13%。

（4）丰水期、平水期、枯水期三个时期 NH_3-N 排放量对比分析。

1）丰水期、平水期、枯水期三个时期 NH_3-N 排放总量对比分析。对丰水期、平水期、枯水期三个时期 NH_3-N 排放总量的对比分析发现，NH_3-N 排放量在丰水期会略多于平水期和枯水期，占到全年 NH_3-N 排放总量的 46.46%。图 4-23 显示了不同时期 NH_3-N 的排放总量。

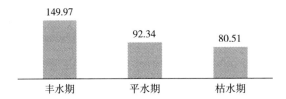

图 4-23　分区 2 不同时期 NH_3-N 排放总量（单位：吨）

2）丰水期、平水期、枯水期三个时期工业点源排放 HN_3-N 对比分析。对丰水期、平水期、枯水期三个时期工业点源排放 NH_3-N 进行比较，工业点源排放 NH_3-N 主要集中在丰水期，占到工业点源排放 NH_3-N 总量的 40.00%。工业点源排放 NH_3-N 分别在平水期和枯水期占到工业点源全年排放 NH_3-N 总量的 34.72% 和 25.28%。说明工业点源在丰水期的生产强度高于在平水期和枯水期的生产强度。各时期工业点源生产排放 NH_3-N 总量如图 4-24 所示。

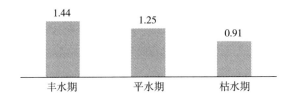

图 4-24　分区 2 不同时期工业点源生产 NH_3-N 排放总量（单位：吨）

3）丰水期、平水期、枯水期三个时期种植业面源排放 NH_3-N 对比分析。对丰水期、平水期、枯水期三个时期种植业面源排放 NH_3-N 进行比较，种植业面源排放 NH_3-N 主要集中在丰水期，占到全年种植业面源排放 NH_3-N 总量的70%。种植业面源排放 NH_3-N 分别在平水期和枯水期占到种植业面源全年排放 NH_3-N 总量的20%和10%。说明该区农耕施肥集中在丰水期时期。各时期种植业面源排放 NH_3-N 总量如图4-25所示。

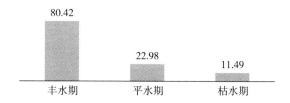

图4-25 分区2不同时期面源种植业 NH_3-N 排放总量（单位：吨）

2. NH_3-N 排放行业比较

分区2只有1个化纤织物染整精加工行业，该行业拥有11家企业。2018年，化纤织物染整精加工行业 NH_3-N 排放量为3.61吨。通过计算单位排放 NH_3-N 所对应的产值、税收、就业人数和R&D投入等指标，对化纤织物染整精加工行业进行评价，结果如表4-3所示。

表4-3 分区2不同行业各指标评价结果

行业 \ 指标	R&D/NH_3-N（万元/吨）	税收/NH_3-N（万元/吨）	产值/NH_3-N（万元/吨）	就业/NH_3-N（人/吨）
化纤织物染整精加工行业	1455.94	2436.74	52211.67	930.76

3. NH_3-N 排放企业比较

分区2拥有11家企业，全部都是化纤织物染整精加工行业。2018年，工业点源COD排放总量为3.61吨，各企业 NH_3-N 排放量及贡献率如图4-26所示。

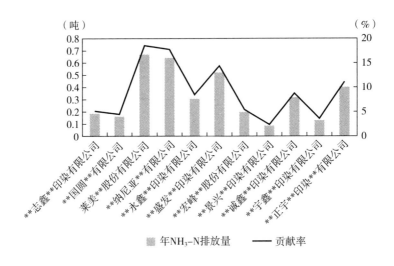

年NH₃-N排放量 ──── 贡献率

图4-26 分区2不同企业年 NH$_3$-N 排放量及贡献率

通过图 4-26 发现，莱美 ＊＊ 股份有限公司年 NH$_3$-N 排放量最大，达到 0.67 吨，占该区所有企业年 NH$_3$-N 排放量的 18.54%；年 NH$_3$-N 排放量最小的是 ＊＊ 景兴 ＊＊ 印染有限公司，只有 0.08 吨，占该区所有企业年 NH$_3$-N 排放量的 2.34%。该区企业年 NH$_3$-N 平均排放量为 0.33 吨，其中超过年 NH$_3$-N 排放量平均值的企业有 4 家，分别为莱美 ＊＊ 股份有限公司、＊＊ 纳尼亚 ＊＊ 有限公司、＊＊ 盛发 ＊＊ 印染有限公司和 ＊＊ 正宇 ＊＊ 印染 ＊＊ 有限公司。

（1）丰水期 NH$_3$-N 排放企业比较。2018 年，丰水期工业点源 NH$_3$-N 排放总量为 1.44 吨，各企业丰水期 NH$_3$-N 排放量及贡献率如图 4-27 所示。

通过图 4-27 分析发现，莱美 ＊＊ 股份有限公司丰水期 NH$_3$-N 排放量最大，达到 0.22 吨，占该区所有企业丰水期 NH$_3$-N 排放量的 15.45%；丰水期 NH$_3$-N 排放量最小的是 ＊＊ 景兴 ＊＊ 印染有限公司，只有 0.04 吨，占该区所有企业丰水期 NH$_3$-N 排放量的 2.97%。该区企业丰水期 NH$_3$-N 平均排放量为 0.13 吨，其中超过丰水期 NH$_3$-N 排放量平均值的企业有 5 家，为莱美 ＊＊ 股份有限公司、＊＊ 纳尼亚 ＊＊ 有限公司、＊＊ 永鑫 ＊＊ 印染有限公司、＊＊ 诚鑫 ＊＊ 印染有限公司和 ＊＊ 正宇 ＊＊ 印染 ＊＊ 有限公司。

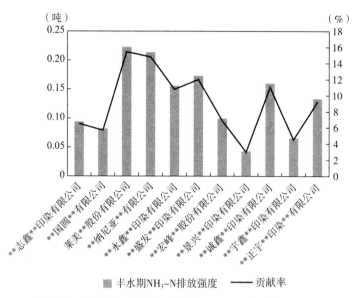

图 4-27 分区 2 不同企业丰水期 NH_3-N 排放量及贡献率

（2）平水期 NH_3-N 排放企业比较。2018 年，平水期工业点源 NH_3-N 排放总量为 1.25 吨，各企业平水期 NH_3-N 排放量及贡献率如图 4-28 所示。

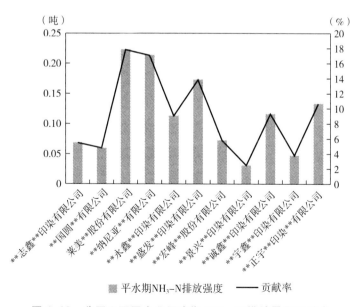

图 4-28 分区 2 不同企业平水期 NH_3-N 排放量及贡献率

通过图 4-28 分析发现，莱美＊＊股份有限公司平水期 NH_3-N 排放量最大，达到 0.22 吨，占该区所有企业平水期 NH_3-N 排放量的 17.80%；平水期 NH_3-N 排放量最小的是＊＊景兴＊＊印染有限公司，只有 0.03 吨，占该区所有企业平水期 NH_3-N 排放量的 2.49%。该区企业平水期 NH_3-N 平均排放量为 0.11 吨，其中超过平水期 NH_3-N 排放量平均值的企业有 5 家，分别为莱美＊＊股份有限公司、＊＊纳尼亚＊＊有限公司、＊＊盛发＊＊印染有限公司、＊＊诚鑫＊＊印染有限公司和＊＊正宇＊＊印染＊＊有限公司。

（3）枯水期 NH_3-N 排放企业比较。2018 年，枯水期工业点源 NH_3-N 排放总量为 0.91 吨，各企业枯水期 NH_3-N 排放量及贡献率如图 4-29 所示。

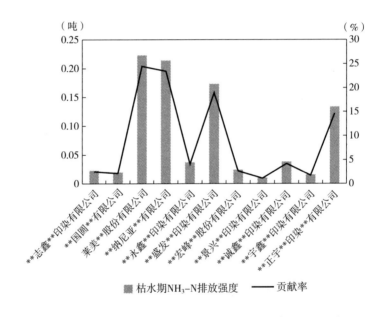

图 4-29 分区 2 不同企业枯水期 NH_3-N 排放量及贡献率

通过图 4-29 分析发现，莱美＊＊股份有限公司枯水期 NH_3-N 排放量最大，达到 0.22 吨，占该区所有企业枯水期 NH_3-N 排放量的 24.47%；其次是＊＊纳尼亚＊＊有限公司，枯水期 NH_3-N 排放量达到 0.05 吨，占该区所有企业枯水期 NH_3-N 排放量的 23.46%；枯水期 NH_3-N 排放量最小

的是 **景兴 **印染有限公司，只有 0.01 吨，占该区所有企业枯水期
NH_3-N 排放量的 1.13%。该区企业枯水期 NH_3-N 平均排放量为 0.08 吨，
其中超过枯水期 NH_3-H 排放量平均值的企业有 4 家，分别为莱美 ** 股份
有限公司、**纳尼亚 ** 有限公司、** 盛发 ** 印染有限公司和 ** 正
宇 ** 印染 ** 有限公司。

4. NH_3-N 排放企业绩效分析

（1）单位 NH_3-N 排放对应产值。对该区企业进行单位 NH_3-N 排放对
应产值计算，结果如图 4-30 所示，发现 ** 志鑫 ** 印染有限公司单位
NH_3-N 排放对应产值最高，达到 161562.08 万元；其次是 ** 宇鑫 ** 印
染有限公司；单位 NH_3-N 排放对应产值最低的是莱美 ** 股份有限公司，
只有 26696.30 万元。

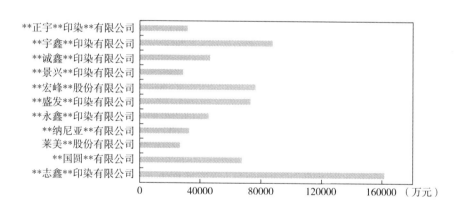

图 4-30 分区 2 单位 NH_3-N 排放对应产值

（2）单位 NH_3-N 排放对应税收。对该区企业进行单位 NH_3-N 排放对
应税收计算，结果如图 4-31 所示，发现 ** 志鑫 ** 印染有限公司单位
NH_3-N 排放对应税收最多，达到 5385.40 万元；最少的是 ** 正宇 ** 印
染 ** 有限公司，只有 998.25 万元。

（3）单位 NH_3-N 排放对应 R&D 投入。对该区企业进行单位 NH_3-N
排放对应 R&D 投入计算，结果如图 4-32 所示，发现 ** 宇鑫 ** 印染有

限公司单位 NH$_3$-N 排放对应 R&D 投入最大，达到 3586.08 万元；最小的
是＊＊志鑫＊＊印染有限公司，只有 86.17 万元。

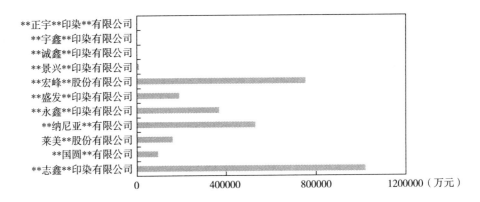

图 4-31 分区 2 单位 NH$_3$-N 排放对应税收

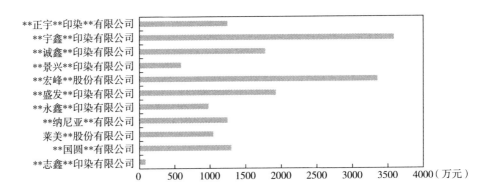

图 4-32 分区 2 单位 NH$_3$-N 排放对应 R&D 投入

（4）单位 NH$_3$-N 排放对应就业人数。对该区企业进行单位 NH$_3$-N 排
放对应就业人数计算，结果如图 4-33 所示，发现＊＊志鑫＊＊印染有限公
司单位 NH$_3$-N 排放对应就业人数最多，达到 2154.16 人；最少的是＊＊纳
尼亚＊＊有限公司，只有 366.16 人。

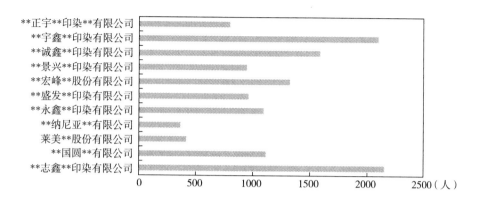

图4-33　分区2单位NH₃-N排放对应就业人数

二、分区3污染物排放情况

（一）分区3基本情况分析

分区3由雉城街道和太湖街道两个街道组成，共有人口129821人，该区工矿企业以化纤织物染整精加工行业为主，农业作物种植以小麦、水稻和蔬菜为主，控制断面为蝴蝶桥、红旗闸、新塘和合溪新港桥，纳污水体为长兴港、合溪新港、北塘港、北横港、黄土桥港和张王塘港。

（二）COD排放情况分析

1. COD排放总体情况分析

分区3的2018年COD排放总量为3937.01吨，其中工业点源排放19.49吨、生活源排放3411.7吨、种植业面源排放398.83吨、养殖业面源排放106.99吨。各污染源COD排放量及贡献率如图4-34所示。

从图4-34可以看出，该区COD排放主要来自生活源，占该区COD排放总量的86.66%；其次来自种植业面源，占该区COD排放总量的10.13%；养殖业面源COD排放量占该区COD排放总量的2.72%；工业点源COD排放量只占到该区COD排放总量的0.49%。

（1）丰水期COD排放情况分析。丰水期COD排放总量为1458.73吨，其中工业点源排放6.66吨、生活源排放1137.23吨、种植业面源排放

279.18 吨、养殖业面源排放 35.66 吨。丰水期各污染源 COD 排放量及贡献率如图 4-35 所示。

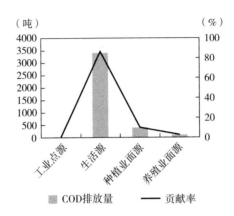

图 4-34　分区 3 各污染源 COD 排放量及贡献率

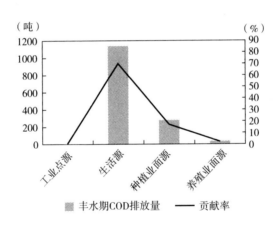

图 4-35　分区 3 丰水期各污染源 COD 排放量及贡献率

从图 4-35 可以看出，丰水期间该区 COD 排放主要来自生活源，占该区 COD 排放总量的 77.96%；其次来自种植业面源，占该区 COD 排放总量的 19.14%；养殖业面源 COD 排放量占该区 COD 排放总量的 2.44%；工业点源 COD 排放量只占到该区 COD 排放总量的 0.46%。

（2）平水期 COD 排放情况分析。平水期 COD 排放总量为1259.12吨，其中工业点源排放 6.46 吨、生活源排放 1137.23 吨、种植业面源排放 79.77 吨、养殖业面源排放 35.66 吨。平水期各污染源 COD 排放量及贡献率如图 4-36 所示。

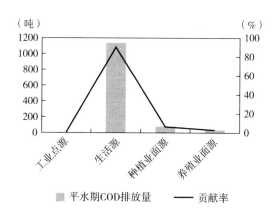

图 4-36　分区 3 平水期各污染源 COD 排放量及贡献率

从图 4-36 可以看出，平水期间该区 COD 排放主要来自生活源，占该区 COD 排放总量的90.32%；其次来自种植业面源，占该区 COD 排放总量的6.34%；养殖业面源 COD 排放量占该区 COD 排放总量的2.83%；工业点源 COD 排放量只占到该区 COD 排放总量的0.51%。

（3）枯水期 COD 排放情况分析。枯水期 COD 排放总量为1219.13吨，其中工业点源排放 6.36 吨、生活源排放 1137.23 吨、种植业面源排放 39.88 吨、养殖业面源排放 35.66 吨。枯水期各污染源 COD 排放量及贡献率如图 4-37 所示。

从图 4-37 可以看出，枯水期间该区 COD 排放主要来自生活源，占该区 COD 排放总量的93.28%；其次来自种植业面源，占该区 COD 排放总量的3.27%；养殖业面源 COD 排放量占该区 COD 排放总量的2.93%；工业点源 COD 排放量只占到该区 COD 排放总量的0.52%。

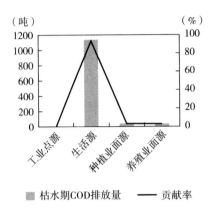

■ 枯水期COD排放量 —— 贡献率

图 4-37 分区 3 枯水期各污染源 COD 排放量及贡献率

（4）丰水期、平水期、枯水期三个时期 COD 排放量对比分析。

1）丰水期、平水期、枯水期三个时期 COD 排放总量对比分析。对丰水期、平水期、枯水期三个时期 COD 排放总量的对比分析发现，COD 排放量在丰水期会略多于平水期和枯水期，占到全年 COD 排放总量的 37.05%。图 4-38 显示了不同时期 COD 的排放总量。

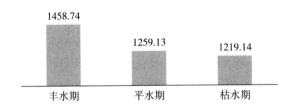

图 4-38 分区 3 不同时期 COD 排放总量（单位：吨）

2）丰水期、平水期、枯水期三个时期工业点源 COD 排放对比分析。对丰水期、平水期、枯水期三个时期工业点源 COD 排放进行比较，工业点源 COD 排放主要集中在丰水期，占到工业点源 COD 排放总量的 34.19%。工业点源 COD 排放分别在平水期和枯水期占到工业点源全年 COD 排放总量的 33.16% 和 32.65%。说明工业点源在丰水期的生产强度高于在平水期和枯水期的生产强度。各时期工业点源生产COD排放总量如图4-39所示。

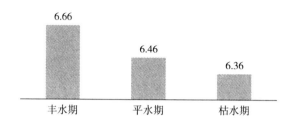

图4-39 分区3不同时期工业点源生产COD排放总量（单位：吨）

3）丰水期、平水期、枯水期三个时期种植业面源COD排放对比分析。对丰水期、平水期、枯水期三个时期种植业面源COD排放进行比较，种植业面源COD排放主要集中在丰水期，占到全年种植业面源COD排放总量的70%。种植业面源COD排放分别在平水期和枯水期占到种植业面源全年COD排放总量的20%和10%。说明该区农耕施肥集中在丰水期。各时期种植业面源COD排放总量如图4-40所示。

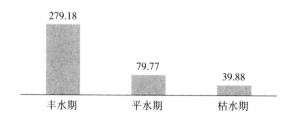

图4-40 分区3不同时期面源种植业COD排放总量（单位：吨）

2. COD排放行业比较

（1）COD排放行业比较。分区3共有5个行业，分别为化纤织物染整精加工行业，医药制造业，纺织服装、服饰业，电气机械和器材制造业及食品制造业。其中，化纤织物染整精加工行业有3家企业，医药制造业有

1家企业，纺织服装、服饰业有1家企业，电气机械和器材制造业有1家企业，食品制造业有1家企业。2018年，化纤织物染整精加工行业COD排放量为9.10吨，医药制造业COD排放量为1.15吨，纺织服装、服饰业COD排放量为5.32吨，电气机械和器材制造业COD排放量为2.90吨，食品制造业COD排放量为1.02吨（见图4-41）。化纤织物染整精加工行业占到该区行业总产量的46.69%。

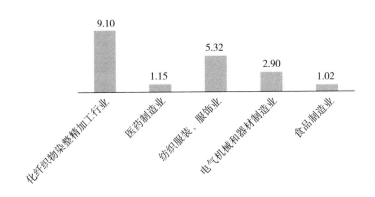

图4-41　分区3不同行业COD排放量（单位：吨）

（2）不同时期COD排放行业比较。丰水期间，化纤织物染整精加工行业COD排放污染物3.03吨，医药制造业COD排放污染物0.55吨，纺织服装、服饰业COD排放污染物1.77吨，电气机械和器材制造业COD排放污染物0.97吨，食品制造业COD排放污染物0.34吨。平水期间，化纤织物染整精加工行业COD排放污染物3.03吨，医药制造业COD排放污染物0.35吨，纺织服装、服饰业COD排放污染物1.77吨，电气机械和器材制造业COD排放污染物0.97吨，食品制造业COD排放污染物0.34吨。枯水期间，化纤织物染整精加工行业COD排放污染物3.03吨，医药制造业COD排放污染物0.25吨，纺织服装、服饰业COD排放污染物1.77吨，电气机械和器材制造业COD排放污染物0.97吨，食品制造业COD排放污染物0.34吨。不同时期分区3的行业COD排放量如图4-42所示。

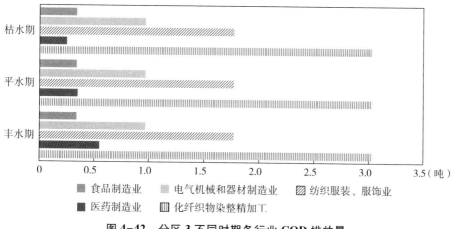

图4-42　分区3不同时期各行业COD排放量

　　从图4-42可以看出,该区不同时期COD排放主要来自化纤织物染整精加工行业,主要是该区化纤织物染整精加工行业有3家企业,而其他行业各只有1家企业所致。同时,化纤织物染整精加工行业,纺织服装、服饰业,电气机械和器材制造业,食品制造业的生产强度均匀,不同时期的COD排放量完全一致,而医药制造业的生产主要集中在丰水期间,在平水期和枯水期间生产相对一致。

　　(3)COD排放行业绩效分析。通过计算单位COD排放所对应的产值、税收、就业人数和R&D投入等指标,对化纤织物染整精加工行业,医药制造业,纺织服装、服饰业,电气机械和器材制造业及食品制造业这5个行业进行评价,结果如表4-4所示。

表4-4　分区3不同行业各指标评价结果

指标 行业	R&D/COD (万元/吨)	税收/COD (万元/吨)	产值/COD (万元/吨)	就业/COD (人/吨)
化纤织物染整精加工行业	109.95	393.62	3012.63	42.88
医药制造业	13043.48	1158.26	13043.48	252.17
纺织服装、服饰业	150.47	677.12	4519.15	184.33
电气机械和器材制造业	43.73	16928.03	99576.56	482.09
食品制造业	9302.78	489.62	7148.45	146.89

通过表3-4分析得出，单位COD排放量所对应的R&D投入、税收、就业人数，医药制造业最高，其次是食品制造业，电气机械和器材制造业最低。但单位COD排放量所对应的产值电气机械和器材制造业最高。

3. COD排放企业比较

分区3拥有7家企业，其中化纤织物染整精加工行业有3家，医药制造业有1家，纺织服装、服饰业有1家，电气机械和器材制造业有1家，食品制造业有1家。2018年，工业点源COD排放量为19.49吨，各企业COD排放量及贡献率如图4-43所示。

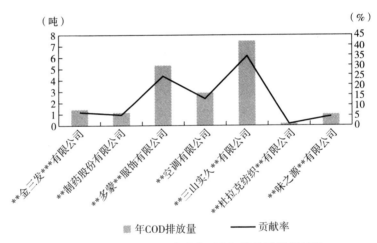

图4-43 分区3不同企业年COD排放量及贡献率

通过图4-43分析发现，＊＊三山实久＊＊有限公司年COD排放量最大，达到7.49吨，占该区所有企业年COD排放量的38.42%；年COD排放量最小的是＊＊杜拉克纺织＊＊有限公司，只有0.18吨，占该区所有企业年COD排放量的0.94%。该区企业年COD平均排放量为2.78吨，其中超过年COD排放量平均值的企业有3家，分别为＊＊多蒙＊＊服饰有限公司、＊＊空调有限公司和＊＊三山实久＊＊有限公司。

（1）丰水期COD排放企业比较。2018年，丰水期工业点源COD排放总量为6.66吨，各企业丰水期COD排放量及贡献率如图4-44所示。

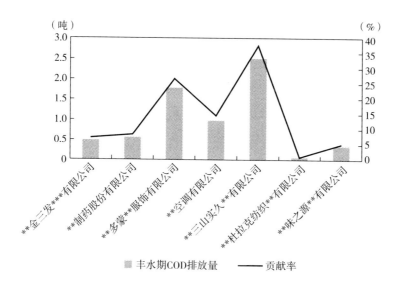

图4-44 分区3不同企业丰水期COD排放量及贡献率

通过图4-44分析发现，＊＊三山实久＊＊有限公司丰水期COD排放量最大，达到2.5吨，占该区所有企业丰水期COD排放量的37.47%；丰水期COD排放量最小的是＊＊杜拉克纺织＊＊有限公司，只有0.06吨，占该区所有企业丰水期COD排放量的0.92%。该区企业丰水期COD平均排放量为0.95吨，其中超过丰水期COD排放量平均值的企业有3家，分别为＊＊多蒙＊＊服饰有限公司、＊＊空调有限公司和＊＊三山实久＊＊有限公司。

（2）平水期COD排放企业比较。2018年，平水期工业点源COD排放总量为6.46吨，各企业平水期COD排放量及贡献率如图4-45所示。

通过图4-45分析发现，＊＊三山实久＊＊有限公司平水期COD排放量最大，达到2.5吨，占该区所有企业平水期COD排放量的38.61%；平水期COD排放量最小的是＊＊杜拉克纺织＊＊有限公司，只有0.06吨，占该区所有企业平水期COD排放量的0.95%。该区企业平水期COD平均排放量为0.92吨，其中超过平水期COD排放量平均值的企业有3家，分别为＊＊多蒙＊＊服饰有限公司、＊＊空调有限公司和＊＊三山实久＊＊有限公司。

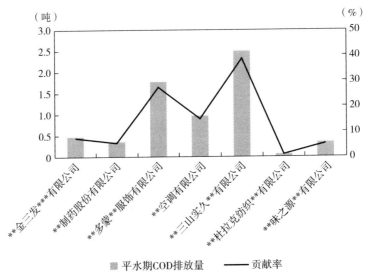

图 4-45 分区 3 不同企业平水期 COD 排放量及贡献率

（3）枯水期 COD 排放企业比较。2018 年，枯水期工业点源 COD 排放总量为 6.36 吨，各企业枯水期 COD 排放量及贡献率如图 4-46 所示。

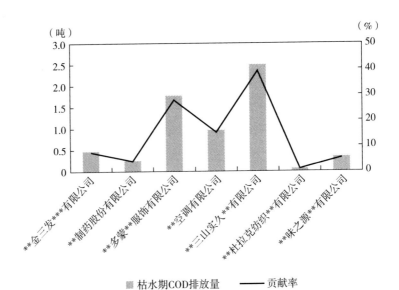

图 4-46 分区 3 不同企业枯水期 COD 排放量及贡献率

通过图 4-46 分析发现，**三山实久**有限公司枯水期 COD 排放量最大，达到 2.5 吨，占该区所有企业枯水期 COD 排放量的 39.23%；其次是**多蒙**服饰有限公司，枯水期 COD 排放量达到 1.77 吨，占该区所有企业枯水期 COD 排放量的 27.85%；枯水期 COD 排放量最小的是**杜拉克纺织**有限公司，只有 0.06 吨，占该区所有企业枯水期 COD 排放量的 0.96%。该区企业枯水期平均排放量为 0.91 吨，其中超过枯水期 COD 排放量平均值的企业有 3 家，分别为**多蒙**服饰有限公司、**空调有限公司和**三山实久**有限公司。

4. COD 排放企业绩效分析

（1）单位 COD 排放对应产值。对该区企业进行单位 COD 排放对应产值计算，结果如图 4-47 所示，发现**空调有限公司单位 COD 排放对应产值最高，达到 99576.56 万元；其次是**杜拉克纺织**有限公司，为 21119.96 万元。单位 COD 排放对应产值最低的是**三山实久**有限公司，只有 738.08 万元。

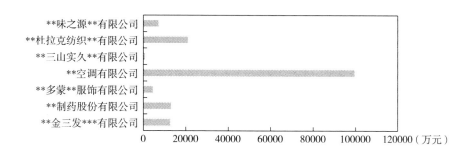

图 4-47 分区 3 单位 COD 排放对应产值

（2）单位 COD 排放对应税收。对该区企业进行单位 COD 排放对应税收计算，结果如图 4-48 所示，发现**空调有限公司单位 COD 排放对应税收最多，达到 16928.03 万元；最少的是**三山实久**有限公司，只有 42.74 万元。

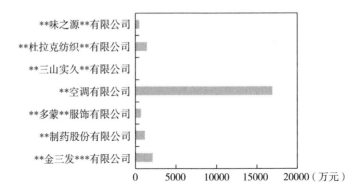

图 4-48　分区 3 单位 COD 排放对应税收

（3）单位 COD 排放对应 R&D 投入。对该区企业进行单位 COD 排放对应 R&D 投入计算，结果如图 4-49 所示，发现＊＊制药股份有限公司单位 COD 排放对应 R&D 投入最大，达到 13043.48 万元；最小的是＊＊三山实久＊＊有限公司，只有 26.71 万元。

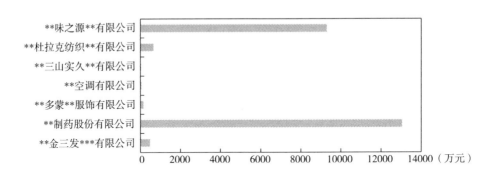

图 4-49　分区 3 单位 COD 排放对应 R&D 投入

（4）单位 COD 排放对应就业人数。对该区企业进行单位 COD 排放对应就业人数计算，结果如图 4-50 所示，发现＊＊空调有限公司单位 COD 排放对应就业人数最多，达到 482.09 人；最少的是＊＊三山实久＊＊有限公司，只有 13.36 人。

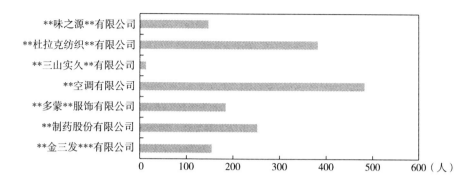

图 4-50　分区 3 单位 COD 排放对应就业人数

（三）NH_3-N 排放情况分析

1. NH_3-N 排放总体情况分析

分区 3 的 2018 年 NH_3-N 排放总量为 527.44 吨，其中工业点源排放 0.86 吨、生活源排放 425.29 吨、种植业面源排放 79.77 吨、养殖业面源排放 21.52 吨。各污染源 NH_3-N 排放量及贡献率如图 4-51 所示。

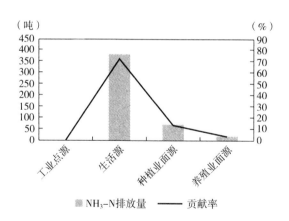

图 4-51　分区 3 各污染源 NH_3-N 排放量及贡献率

从图 4-51 可以看出，该区 NH_3-N 排放主要来自生活源，占该区 COD 排放总量的 80.63%；其次来自种植业面源，占该区 NH_3-N 排放总量的

15.12%；工业点源排放 NH_3-N 的量只占到该区 NH_3-N 排放总量的 0.16%。

（1）丰水期 NH_3-N 排放情况分析。丰水期 NH_3-N 排放总量为 205.09 吨，其中工业点源排放 0.32 吨、生活源排放 141.76 吨、种植业面源排放 55.84 吨、养殖业面源排放 7.17 吨。丰水期各污染源 NH_3-N 排放量及贡献率如图 4-52 所示。

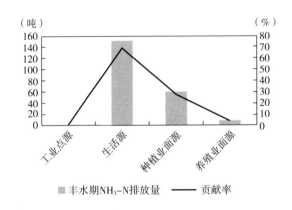

图 4-52　分区 3 丰水期各污染源 NH_3-N 排放量及贡献率

从图 4-52 可以看出，丰水期间该区 NH_3-N 排放主要来自生活源，占该区 NH_3-N 排放总量的 69.12%；其次来自种植业面源，占该区 NH_3-N 排放总量的 27.23%；养殖业面源排放 NH_3-N 的量占该区 NH_3-N 排放总量的 3.50%；工业点源排放 NH_3-N 的量只占到该区 NH_3-N 排放总量的 0.16%。

（2）平水期 NH_3-N 排放情况分析。平水期 NH_3-N 排放总量为 165.16 吨，其中工业点源排放 0.28 吨、生活源排放 141.76 吨、种植业面源排放 15.95 吨、养殖业面源排放 7.17 吨。平水期各污染源 NH_3-N 排放量及贡献率如图 4-53 所示。

从图 4-53 可以看出，平水期间该区 NH_3-N 排放主要来自生活源，占该区 NH_3-N 排放总量的 85.83%；其次来自种植业面源，占该区 NH_3-N 排放总量的 9.66%；养殖业面源排放 NH_3-N 的量占该区 NH_3-N 排放总量的 4.34%；工业点源排放 NH_3-N 的量只占到该区 NH_3-N 排放总量的 0.17%。

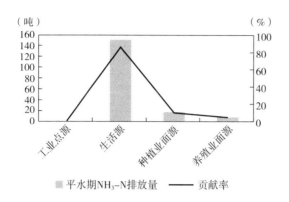

（吨）   （%）

■平水期NH₃-N排放量   ——贡献率

图4-53 分区3平水期各污染源 NH₃-N 排放量及贡献率

（3）枯水期 NH_3-N 排放情况分析。枯水期 NH_3-N 排放总量为157.17 吨，其中工业点源排放0.26吨、生活源排放141.76吨、种植业面源排放7.98吨、养殖业面源排放7.17吨。枯水期各污染源 NH_3-N 排放量及贡献率如图4-54所示。

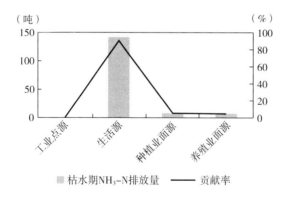

（吨）   （%）

■枯水期NH₃-N排放量   ——贡献率

图4-54 分区3枯水期各污染源 NH₃-N 排放量及贡献率

从图4-54可以看出，枯水期间该区 NH_3-N 排放主要来自生活源，占该区 NH_3-N 排放总量的90.20%；其次来自种植业面源，占该区 NH_3-N 排放总量的5.08%；养殖业面源排放 NH_3-N 的量占该区 NH_3-N 排放总量的

4.56%；工业点源排放 NH_3-N 的量只占到该区 NH_3-N 排放总量的 0.26%。

（4）丰水期、平水期、枯水期三个时期 NH_3-N 排放量对比分析。

1）丰水期、平水期、枯水期三个时期 NH_3-N 排放总量对比分析。对丰水期、平水期、枯水期三个时期 NH_3-N 排放总量的对比分析发现，NH_3-N 排放量在丰水期会略多于平水期和枯水期，占到全年 NH_3-N 排放总量的 38.88%。图 4-55 显示了不同时期 NH_3-N 的排放总量。

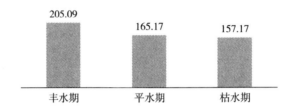

图 4-55 分区 3 不同时期 NH_3-N 排放总量（单位：吨）

2）丰水期、平水期、枯水期三个时期工业点源排放 HN_3-N 对比分析。对丰水期、平水期、枯水期三个时期工业点源排放 NH_3-N 进行比较，工业点源排放 NH_3-N 主要集中在丰水期，占到工业点源排放 NH_3-N 总量的 37.21%。工业点源排放 NH_3-N 分别在平水期和枯水期占到工业点源全年排放 NH_3-N 总量的 32.56% 和 30.23%。说明工业点源在丰水期的生产强度高于在平水期和枯水期的生产强度。各时期工业点源生产排放 NH_3-N 总量如图 4-56 所示。

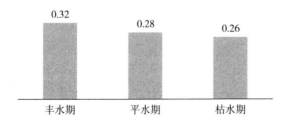

图 4-56 分区 3 不同时期工业点源生产 NH_3-N 排放总量（单位：吨）

3）丰水期、平水期、枯水期三个时期种植业面源排放 NH_3-N 对比分析。对丰水期、平水期、枯水期三个时期种植业面源排放 NH_3-N 进行比较，种植业面源排放 NH_3-N 主要集中在丰水期，占到全年种植业面源排放 NH_3-N 总量的 70%。种植业面源排放 NH_3-N 分别在平水期和枯水期占到种植业面源全年排放 NH_3-N 总量的 20% 和 10%。说明该区农耕施肥集中在丰水期时期。各时期种植业面源 NH_3-N 排放总量如图 4-57 所示。

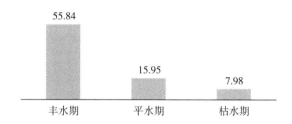

图 4-57 分区 3 不同时期种植业面源 NH_3-N 排放总量（单位：吨）

2. NH_3-N 排放行业比较

（1）NH_3-N 排放行业比较。分区 3 共有 5 个行业，分别为化纤织物染整精加工行业，医药制造业，纺织服装、服饰业，电气机械和器材制造业及食品制造业。其中，化纤织物染整精加工行业有 3 家企业，医药制造业有 1 家企业，纺织服装、服饰业有 1 家企业，电气机械和器材制造业有 1 家企业，食品制造业有 1 家企业。2018 年，化纤织物染整精加工行业 NH_3-N 排放量为 0.31 吨，医药制造业 NH_3-N 排放量为 0.23 吨，纺织服装、服饰业 NH_3-N 排放量为 0.05 吨，电气机械和器材制造业 NH_3-N 排放量为 0.26 吨，食品制造业 NH_3-N 排放量为 0.01 吨（见图 4-58）。化纤织物染整精加工行业占到该区行业总产量的 36.24%。

（2）不同时期 NH_3-N 排放行业比较。丰水期间，化纤织物染整精加工行业排放 NH_3-N 污染物 0.104 吨，医药制造业排放 NH_3-N 污染物 0.11 吨，纺织服装、服饰业排放 NH_3-N 污染物 0.016 吨，电气机械和器材制造业排放 NH_3-N 污染物 0.088 吨，食品制造业排放 NH_3-N 污染物 0.003

吨。平水期间，化纤织物染整精加工行业排放 NH_3-N 污染物 0.104 吨，医药制造业排放 NH_3-N 污染物 0.07 吨，纺织服装、服饰业排放 NH_3-N 污染物 0.016 吨，电气机械和器材制造业排放 NH_3-N 污染物 0.088 吨，食品制造业排放 NH_3-N 污染物 0.003 吨。枯水期间，化纤织物染整精加工行业排放 NH_3-N 污染物 0.104 吨，医药制造业排放 NH_3-N 污染物 0.05 吨，纺织服装、服饰业排放 NH_3-N 污染物 0.016 吨，电气机械和器材制造业排放 NH_3-N 污染物 0.088 吨，食品制造业排放 NH_3-N 污染物 0.003 吨。不同时期该区 5 个行业的 NH_3-N 排放量如图 4-59 所示。

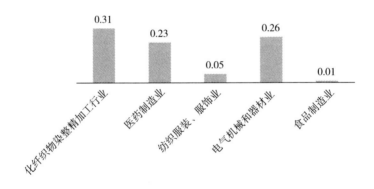

图 4-58　分区 3 不同行业 NH_3-N 排放量（单位：吨）

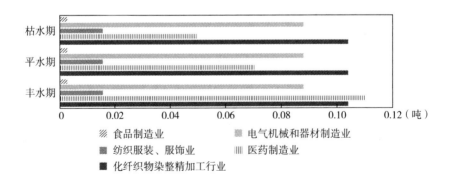

图 4-59　分区 3 不同时期各行业 NH_3-N 排放量

从图4-59可以看出，该区不同时期NH_3-N排放主要来自化纤织物染整精加工行业，主要是该区化纤织物染整精加工行业有3家企业，而其他行业各只有1家企业所致。同时，化纤织物染整精加工行业，纺织服装、服饰业，电气机械和器材制造业及食品制造业的生产强度均匀，不同时期的NH_3-N排放量完全一致，而医药制造业的生产强度从丰水期到枯水期逐渐减弱。

（3）NH_3-N排放行业绩效分析。通过计算单位排放NH_3-N所对应的产值、税收、就业人数和R&D投入等指标，对化纤织物染整精加工行业，医药制造业，纺织服装、服饰业，电气机械和器材制造业及食品制造业5个行业进行评价，结果如表4-5所示。

表4-5 分区3不同行业各指标评价结果

指标 行业	R&D/NH_3-N （万元/吨）	税收/NH_3-N （万元/吨）	产值/NH_3-N （万元/吨）	就业/NH_3-N （人/吨）
化纤织物染整精加工行业	3202.05	11463.34	87735.83	1248.80
医药制造业	65104.17	5781.25	65104.17	1258.68
纺织服装、服饰业	16985.14	76433.12	510116.77	20806.79
电气机械和器材制造业	481.06	186208.33	1095342.12	5303.03
食品制造业	1187500.00	62500.00	912500.00	18750.00

通过表4-5分析得出，单位NH_3-N排放量所对应的R&D投入、税收、就业人数，食品制造业最高；其次是纺织服装、服饰业；医药制造业最低。单位NH_3-N排放量所对应的产值电气机械和器材制造业最高。

3.NH_3-N排放企业比较

分区3拥有7家企业，其中化纤织物染整精加工行业有3家，医药制造业有1家，纺织服装、服饰业有1家，电气机械和器材制造业有1家，食品制造业有1家。2018年工业点源NH_3-N排放总量为0.86吨，各企业年NH_3-N排放量及贡献率如图4-60所示。

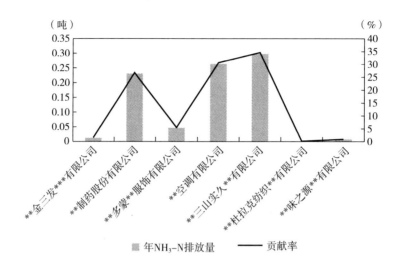

图 4-60　分区 3 不同企业年 NH$_3$-N 排放量及贡献率

通过图 4-60 分析发现，＊＊三山实久＊＊有限公司年 NH$_3$-N 排放量最大，达到 0.30 吨，占该区所有企业年 NH$_3$-N 排放量的 34.59%；年 NH$_3$-N 排放量最小的是＊＊杜拉克纺织＊＊有限公司，只有 0.002 吨，占该区所有企业年 NH$_3$-N 排放量的 0.19%。该区企业年 NH$_3$-N 平均排放量为 0.12 吨，其中超过年 NH$_3$-N 排放量平均值的企业有 3 家，分别为＊＊制药股份有限公司、＊＊空调有限公司和＊＊三山实久＊＊有限公司。

（1）丰水期 NH$_3$-N 排放企业比较。2018 年，丰水期工业点源 NH$_3$-N 排放总量为 0.32 吨，各企业丰水期 NH$_3$-N 排放量及贡献率如图 4-61 所示。

通过图 4-61 分析发现，＊＊制药股份有限公司丰水期 NH$_3$-N 排放量最大，达到 0.028 吨，占该区所有企业丰水期 NH$_3$-N 排放量的 34.41%；丰水期 NH$_3$-N 排放量最小的是＊＊杜拉克纺织＊＊有限公司，只有 0.0001 吨，占该区所有企业丰水期 NH$_3$-N 排放量的 0.12%。该区企业丰水期 NH$_3$-N 平均排放量为 0.01 吨，其中超过丰水期 NH$_3$-N 排放量平均值的企业有 3 家，为＊＊制药股份有限公司、＊＊空调有限公司和＊＊三山实久＊＊有限公司。

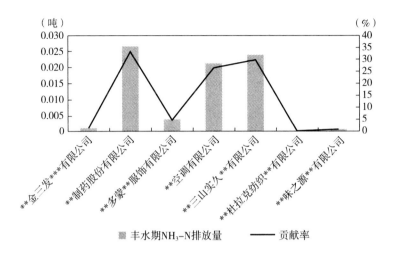

图 4-61 分区 3 不同企业丰水期 NH₃-N 排放量及贡献率

（2）平水期 NH₃-N 排放企业比较。2018 年，平水期工业点源 NH₃-N 排放总量为 0.28 吨，各企业平水期 NH₃-N 排放量及贡献率如图 4-62 所示。

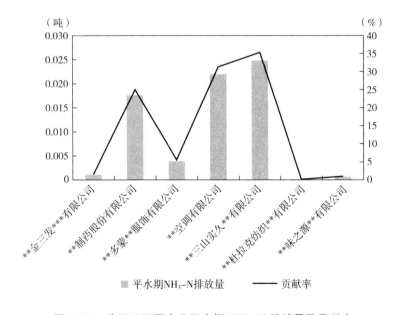

图 4-62 分区 3 不同企业平水期 NH₃-N 排放量及贡献率

通过图4-62分析发现，＊＊三山实久＊＊有限公司平水期NH$_3$-N排放量最大，达到0.025吨，占该区所有企业平水期NH$_3$-N排放量的35.33%；平水期NH$_3$-N排放量最小的是＊＊杜拉克纺织＊＊有限公司，只有0.0001吨，占该区所有企业平水期NH$_3$-N排放量的0.14%。该区企业平水期NH$_3$-N平均排放量为0.01吨，其中超过平水期NH$_3$-N排放量平均值的企业有3家，分别为＊＊制药股份有限公司、＊＊空调有限公司和＊＊三山实久＊＊有限公司。

（3）枯水期NH$_3$-N排放企业比较。2018年，枯水期工业点源NH$_3$-N排放总量为0.26吨，各企业枯水期NH$_3$-N排放量及贡献率如图4-63所示。

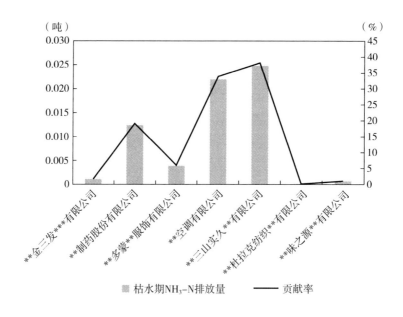

图4-63 分区3不同企业枯水期NH$_3$-N排放量及贡献率

通过图4-63分析发现，＊＊三山实久＊＊有限公司枯水期NH$_3$-N排放量最大，达到0.025吨，占该区所有企业枯水期NH$_3$-N排放量的38.15%；其次是＊＊空调有限公司，枯水期NH$_3$-N排放量达到0.022吨，占该区所有企业枯水期 NH_3-N 排放量的 33.85%；枯水期 NH_3-N 排放量最小的是 ＊＊杜拉克纺织 ＊＊ 有限公司，只有 0.0001 吨，占该区所有企业枯水期 NH_3-N 排放量的 0.15%。该区各企业枯水期 NH_3-N 排放量平均值为 0.01 吨，超过该值的企业有 3 家，分别为 ＊＊制药股份有限公司、＊＊空调有限公司和 ＊＊三山实久 ＊＊ 有限公司。

4. NH_3-N 排放企业绩效分析

（1）单位 NH_3-N 排放对应产值。对该区企业进行单位 NH_3-N 排放对应产值计算，结果如图 4-64 所示，发现 ＊＊杜拉克纺织 ＊＊ 有限公司单位 NH_3-N 排放对应产值最高，达到 2420875 万元；其次是 ＊＊金三发 ＊＊＊ 有限公司；单位 NH_3-N 排放对应产值最低的是 ＊＊三山实久 ＊＊ 有限公司，只有 18539.08 万元。

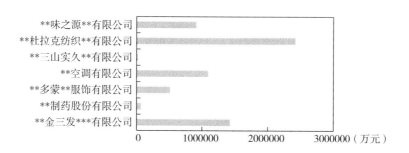

图 4-64　分区 3 单位 NH_3-N 排放对应产值

（2）单位 NH_3-N 排放对应税收。对该区企业进行单位 NH_3-N 排放对应税收计算，结果如图 4-65 所示，发现 ＊＊金三发 ＊＊＊ 有限公司单位 NH_3-N 排放对应税收最多，达到 238095.24 万元；最少的是 ＊＊三山实久 ＊＊ 有限公司，只有 1073.47 万元。

（3）单位 NH_3-N 排放对应 R&D 投入。对该区企业进行单位 NH_3-N 排放对应 R&D 投入计算，结果如图 4-66 所示，发现 ＊＊味之源 ＊＊ 有限公司单位 NH_3-N 排放对应 R&D 投入最大，达到 1187500 万元；最小的是 ＊＊空调有限公司，只有 481.06 万元。

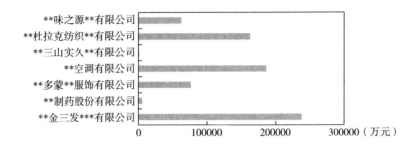

图 4-65 分区 3 单位 NH$_3$-N 排放对应税收

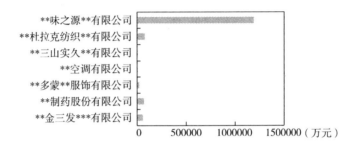

图 4-66 分区 3 单位 NH$_3$-N 排放对应 R&D 投入

（4）单位 NH$_3$-N 排放对应就业人数。对该区企业进行单位 NH$_3$-N 排放对应就业人数计算，结果如图 4-67 所示，发现＊＊杜拉克纺织＊＊有限公司单位 NH$_3$-N 排放对应就业人数最多，达到 43750 人；最少的是＊＊三山实久＊＊有限公司，只有 335.46 人。

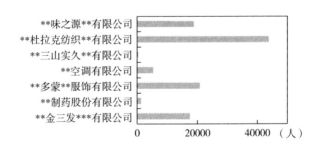

图 4-67 分区 3 单位 NH$_3$-N 排放对应就业人数

三、分区7污染物排放情况

（一）分区7基本情况分析

分区7由和平镇组成，共有人口88704人，该区工矿企业以铅蓄电池制造行业为主，农业作物种植以茶叶、水稻和蔬菜为主，控制断面为荆湾、吴山渡、胥仓桥、南潘（和平镇），纳污水体为西苕溪、和平港、青山港、晓墅港。

（二）COD排放情况分析

1. COD排放总体情况分析

分区7的2018年COD排放总量为4550.77吨，其中工业点源排放7.09吨、生活源排放2331.12吨、种植业面源排放1485.00吨、养殖业面源排放727.56吨。各污染源COD排放量及贡献率如图4-68所示。

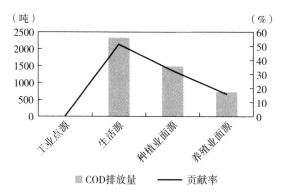

图4-68 分区7各污染源COD排放量及贡献率

从图4-68可以看出，该区COD排放主要来自生活源，占该区COD排放总量的51.22%；其次来自种植业面源，占该区COD排放总量的32.63%；工业点源COD排放量只占到该区COD排放总量的0.16%。

（1）丰水期COD排放情况分析。丰水期COD排放总量为2061.62吨，其中工业点源排放2.58吨、生活源排放777.04吨、种植业面源排放1039.48吨、养殖业面源排放242.52吨。丰水期各污染源COD排放量及贡献率如图4-69所示。

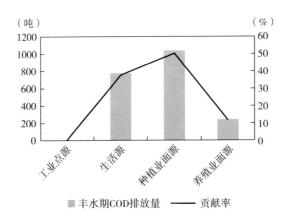

图 4-69 分区 7 丰水期各污染源 COD 排放量及贡献率

从图 4-69 可以看出，丰水期间该区 COD 排放主要来自种植业面源，占该区 COD 排放总量的 50.42%；其次来自生活源，占该区 COD 排放总量的 37.69%；养殖业面源 COD 排放量占该区 COD 排放总量的 11.76%；工业点源 COD 排放量只占到该区 COD 排放总量的 0.13%。

（2）平水期 COD 排放情况分析。平水期 COD 排放总量为 1318.83 吨，其中工业点源排放 2.27 吨、生活源排放 777.04 吨、种植业面源排放 297.00 吨、养殖业面源排放 242.52 吨。各污染源 COD 排放量及贡献率如图 4-70 所示。

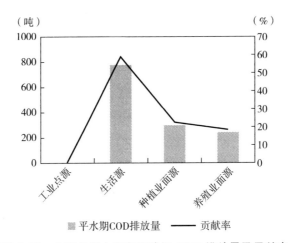

图 4-70 分区 7 平水期各污染源 COD 排放量及贡献率

从图 4-70 可以看出，平水期间该区 COD 排放主要来自生活源，占该区 COD 排放总量的 58.92%；其次来自种植业面源，占该区 COD 排放总量的 22.52%；养殖业面源 COD 排放量占该区 COD 排放总量的 18.39%；工业点源 COD 排放量只占到该区 COD 排放总量的 0.17%。

（3）枯水期 COD 排放情况分析。枯水期 COD 排放总量为 1170.29 吨，其中工业点源排放 2.23 吨、生活源排放 777.04 吨、种植业面源排放 148.50 吨、养殖业面源排放 242.52 吨。各污染源 COD 排放量及贡献率如图 4-71 所示。

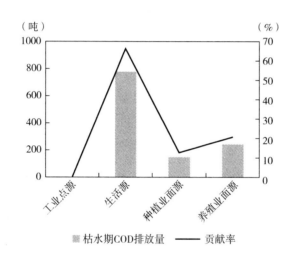

图 4-71 分区 7 枯水期各污染源 COD 排放量及贡献率

从图 4-71 可以看出，枯水期间该区 COD 排放主要来自生活源，占该区 COD 排放总量的 66.4%；其次来自养殖业面源，占该区 COD 排放总量的 20.72%；种植业面源 COD 排放量占该区 COD 排放总量的 12.69%；工业点源 COD 排放量只占到该区 COD 排放总量的 0.19%。

（4）丰水期、平水期、枯水期三个时期 COD 排放量对比分析。

1）丰水期、平水期、枯水期三个时期 COD 排放总量对比分析。对丰水期、平水期、枯水期三个时期 COD 排放总量的对比分析发现，COD 排

放量在丰水期会略多于平水期和枯水期，占到全年 COD 排放总量的
45.3%。图 4-72 显示了不同时期 COD 的排放总量。

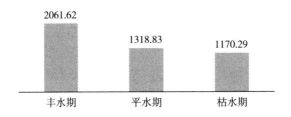

图 4-72　分区 7 不同时期 COD 排放总量（单位：吨）

2）丰水期、平水期、枯水期三个时期工业点源 COD 排放对比分析。
对丰水期、平水期、枯水期三个时期工业点源 COD 排放进行比较，工业
点源 COD 排放在丰水期略多于在平水期和枯水期，占到工业点源 COD
排放总量的 36.44%。工业点源 COD 排放分别在平水期和枯水期占到工
业点源全年 COD 排放总量的 32.06% 和 31.5%。说明工业点源在丰水期
的生产强度略高于在平水期和枯水期的生产强度。各时期工业点源生产
COD 排放总量如图 4-73 所示。

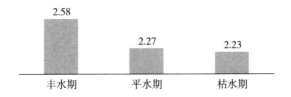

图 4-73　分区 7 不同时期工业点源生产 COD 排放总量（单位：吨）

3）丰水期、平水期、枯水期三个时期种植业面源 COD 排放对比分
析。对丰水期、平水期、枯水期三个时期种植业面源 COD 排放进行比较，
种植业面源 COD 排放主要集中在丰水期，占到全年种植业面源 COD 排放
总量的 70%。种植业面源 COD 排放分别在平水期和枯水期占到种植业面

源全年 COD 排放总量的 20% 和 10%。说明该区农耕施肥集中在丰水期时期。各时期种植业面源 COD 排放总量如图 4-74 所示。

图 4-74 分区 7 不同时期种植业面源 COD 排放总量（单位：吨）

2. COD 排放行业分析

（1）COD 排放行业比较。该区共有 3 个行业，分别为铅蓄电池制造业、金属制造业和药剂材料制造业。其中，铅蓄电池制造业有 7 家企业、金属制造业有 1 家企业、药剂材料制造业有 1 家企业。2018 年，铅蓄电池业 COD 排放量为 5.15 吨、金属制造业 COD 排放量为 0.61 吨、药剂材料制造业 COD 排放量为 1.33 吨（见图 4-75）。铅蓄电池制造业占到该区行业总产量的 72.6%。

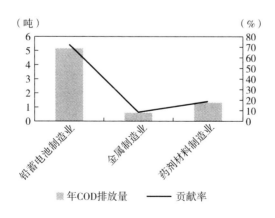

图 4-75 不同行业年 COD 排放量

（2）不同时期 COD 排放行业比较。丰水期间，铅蓄电池制造业 COD 排放 1.93 吨，金属制造业 COD 排放 0.2 吨，药剂材料制造业 COD 排放 0.44 吨。平水期间，铅蓄电池制造业 COD 排放 1.63 吨，金属制造业 COD 排放 0.2 吨，药剂材料制造业 COD 排放 0.44 吨。枯水期间，铅蓄电池制造业 COD 排放 1.59 吨，金属制造业 COD 排放 0.2 吨，药剂材料制造业 COD 排放 0.44 吨。不同时期各行业 COD 排放量如图 4-76 所示。

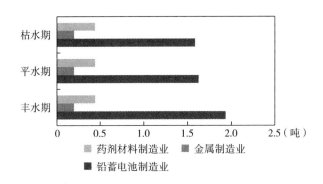

图 4-76　分区 7 不同时期各行业 COD 排放量

从图 4-76 可以看出，该区不同时期 COD 排放主要来自铅蓄电池制造业，主要因为该区铅蓄电池制造业有 7 家企业，而金属制造业和药剂材料制造业均只有 1 家企业所致。同时，药剂材料制造业和金属制造业的生产强度比较均匀，不同时期的 COD 排放量基本一致，而铅蓄电池制造业在丰水期生产强度略高于在平水期和枯水期的生产强度，在平水期和枯水期间生产相对一致。

（3）COD 排放行业绩效分析。通过计算单位 COD 排放所对应的产值、税收、就业人数和 R&D 投入等指标，对铅蓄电池制造业和医药制造业进行评价，结果如表 4-6 所示。

通过表 4-6 分析得出，单位 COD 排放量所对应的 R&D 投入、税收、产值和就业人数，铅蓄电池制造业均高于金属制造业和药剂材料制造业。金属制造业和药剂材料制造业相比较，单位 COD 排放量对应的 R&D 投入、产值和就业，药剂材料制造业均高于金属制造业。

表4-6 分区7不同行业各指标评价结果

行业 \ 指标	R&D/COD（万元/吨）	税收/COD（万元/吨）	产值/COD（万元/吨）	就业/COD（人/吨）
铅蓄电池制造业	6719.65	9210.68	156192.48	530.1
金属制造业	491.8	327.87	8196.27	65.67
药剂材料制造业	526.32	300.75	8646.62	97.74

3. COD 排放企业比较

分区7拥有9家企业，其中铅蓄电池制造业7家、金属制造业1家和药剂材料制造业1家。2018年，工业点源COD排放总量为7.09吨，各企业COD排放量及贡献率如图4-77所示。

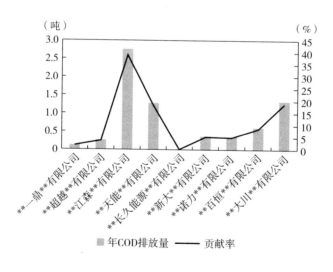

图4-77 分区7不同企业年COD排放量及贡献率

通过图4-77分析发现，＊＊江森＊＊有限公司年COD排放量最大，达到2.76吨，占该区所有企业年COD排放量的38.88%；年COD排放量最小的是＊＊长久能源＊＊有限公司，只有 0.01 吨，占该区所有企业年 COD 排放量的 0.1%。该区企业年 COD 平均排放量为 0.79 吨，其中超过年 COD 排放量平均值的企业有 3 家，分别是＊＊江森＊＊有限公司、＊＊天能＊＊有限公司和＊＊大川＊＊有限公司。

（1）丰水期 COD 排放企业比较。2018 年，丰水期工业点源 COD 排放总量为 2.58 吨，各企业丰水期 COD 排放量及贡献率如图 4-78 所示。

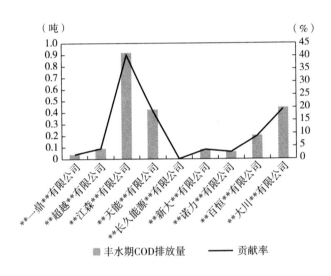

图 4-78 分区 7 不同企业丰水期 COD 排放量及贡献率

通过图 4-78 分析发现，＊＊江森＊＊有限公司丰水期 COD 排放量最大，达到 0.92 吨，占该区所有企业丰水期 COD 排放量的 35.58%；丰水期 COD 排放量最小的是＊＊长久能源＊＊有限公司，只有 0.0021 吨，占该区所有企业丰水期 COD 排放量的 0.09%。该区企业丰水期 COD 平均排放量为 0.29 吨，其中超过丰水期 COD 排放量平均值的企业有 3 家，分别是＊＊江森＊＊有限公司、＊＊天能＊＊有限公司和＊＊大川＊＊有限公司。

（2）平水期 COD 排放企业比较。2018 年，平水期工业点源 COD 排放

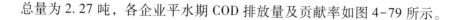

总量为 2.27 吨，各企业平水期 COD 排放量及贡献率如图 4-79 所示。

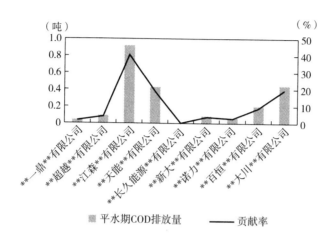

图 4-79 分区 7 不同企业平水期 COD 排放量及贡献率

通过图 4-79 分析发现，**江森**有限公司平水期 COD 排放量最大，达到 0.92 吨，占该区所有企业平水期 COD 排放量的 40.42%；平水期 COD 排放量最小的是**长久能源**有限公司，只有 0.0021 吨，占该区所有企业平水期 COD 排放量的 0.1%。该区企业平水期 COD 平均排放量为 0.25 吨，其中超过平水期 COD 排放量平均值的企业有 3 家，分别是**江森**有限公司、**天能**有限公司和**大川**有限公司。

（3）枯水期 COD 排放企业比较。2018 年，枯水期工业点源 COD 排放总量为 2.23 吨，各企业枯水期 COD 排放量及贡献率如图 4-80 所示。

通过图 4-80 分析发现，**江森**有限公司枯水期 COD 排放量最大，达到 0.92 吨，占该区所有企业枯水期 COD 排放量的 40.42%；枯水期 COD 排放量最小的是**长久能源**有限公司，只有 0.0021 吨，占该区所有企业枯水期 COD 排放量的 0.1%。该区企业枯水期 COD 平均排放量为 0.25 吨，其中超过枯水期 COD 排放量平均值的企业有 3 家，分别是**江森**有限公司、**天能**有限公司和**大川**有限公司。

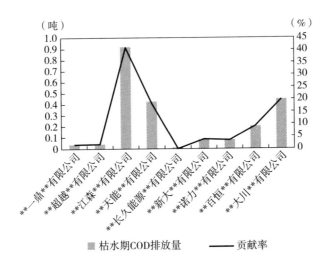

图 4-80 分区 7 不同企业枯水期 COD 排放量及贡献率

4. COD 排放企业绩效分析

（1）单位 COD 排放对应产值。对该区企业进行单位 COD 排放对应产值计算，结果如图 4-81 所示，发现 ＊＊长久能源＊＊有限公司单位 COD 排放对应产值最高，达到 505997 万元；其次是 ＊＊天能＊＊有限公司；单位 COD 排放对应产值最低的是 ＊＊百恒＊＊有限公司，只有 8214.23 万元。

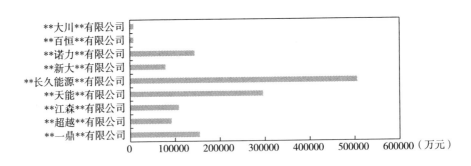

图 4-81 分区 7 单位 COD 排放对应产值

（2）单位 COD 排放对应税收。对该区企业进行单位 COD 排放对应税收计算，结果如图4-82所示，发现＊＊新大＊＊有限公司单位COD排放对应税收最多，达到35262.21万元；其次是＊＊长久能源＊＊有限公司；单位COD排放对应税收最少的是＊＊大川＊＊有限公司，只有300.05万元。

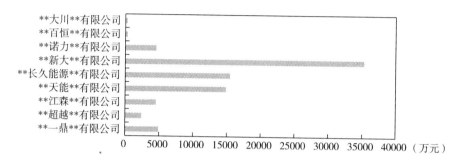

图4-82 分区7单位COD排放对应税收

（3）单位COD排放对应R&D投入。对该区企业进行单位COD排放对应R&D投入计算，结果如图4-83所示，发现＊＊长久能源＊＊有限公司单位COD排放对应R&D投入最大，达到21999.87万元；最小的是＊＊百恒＊＊有限公司，只有492.85万元。

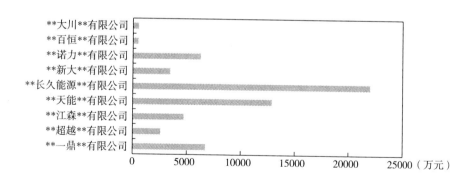

图4-83 分区7单位COD排放对应R&D投入

（4）单位COD排放对应就业人数。对该区企业进行单位COD排放对应就业人数计算，结果如图4-84所示，发现＊＊长久能源＊＊有限公司单

位 COD 排放对应就业人数最多，达到 8433.28 人；最少的是 ＊＊百恒＊＊
有限公司，只有 65.71 人。

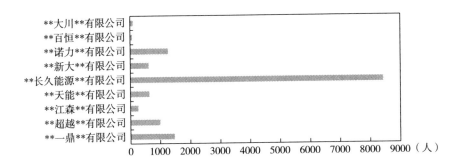

图 4-84　分区 7 单位 COD 排放对应就业人数

（三）NH_3-N 排放情况分析

1. NH_3-N 排放总体情况分析

分区 7 的 2018 年 NH_3-N 排放总量为 735.76 吨，其中工业点源排放
1.72 吨、生活源排放 290.64 吨、种植业面源排放 297.00 吨、养殖业面源
排放 146.40 吨。各污染源 NH_3-N 排放量及贡献率如图 4-85 所示。

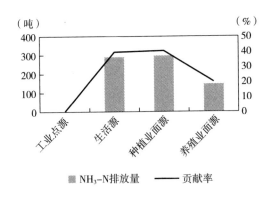

图 4-85　分区 7 各污染源 NH_3-N 排放量及贡献率

从图4-85可以看出，该区NH_3-N排放主要来自种植业面源，占该区NH_3-N排放总量的40.37%；其次来自生活源，占该区NH_3-N排放总量的39.5%；工业点源排放NH_3-N的量只占到该区NH_3-N排放总量的0.23%。

（1）丰水期NH_3-N排放情况分析。丰水期NH_3-N排放总量为353.88吨，其中工业点源排放0.30吨、生活源排放96.88吨、种植业面源排放207.90吨、养殖业面源排放48.80吨。丰水期各污染源NH_3-N排放量及贡献率如图4-86所示。

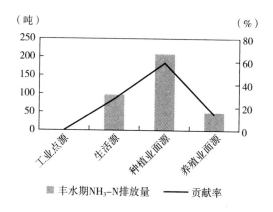

图4-86 分区7丰水期各污染源NH_3-N排放量及贡献率

从图4-86可以看出，丰水期间该区NH_3-N排放主要来自种植业面源，占该区NH_3-N排放总量的58.75%；其次来自生活源，占该区NH_3-N排放总量的27.38%；养殖业面源NH_3-N排放量占该区NH_3-N排放总量的13.79%；工业点源排放NH_3-N的量只占到该区NH_3-N排放总量的0.08%。

（2）平水期NH_3-N排放情况分析。平水期NH_3-N排放总量为205.38吨，其中工业点源排放0.30吨、生活源排放96.88吨、种植业面源排放59.4吨、养殖业面源排放48.80吨。平水期各污染源NH_3-N排放量及贡献率如图4-87所示。

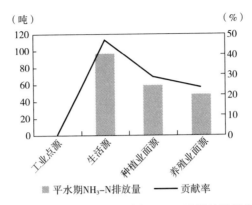

图 4-87　分区 7 平水期各污染源 NH₃-N 排放量及贡献率

从图 4-87 可以看出，平水期间该区 NH₃-N 排放主要来自生活源，占该区 NH₃-N 排放总量的 47.17%；其次来自种植业面源，占该区 NH₃-N 排放总量的 28.92%；养殖业面源排放 NH₃-N 的量占该区 NH₃-N 排放总量的 23.76%；工业点源排放 NH₃-N 的量只占到该区 NH₃-N 排放总量的 0.14%。

（3）枯水期 NH₃-N 排放情况分析。枯水期 NH₃-N 排放总量为 175.66 吨，其中工业点源排放 0.28 吨、生活源排放 96.88 吨、种植业面源排放 29.70 吨、养殖业面源排放 48.80 吨。枯水期各污染源 NH₃-N 排放量及贡献率如图 4-88 所示。

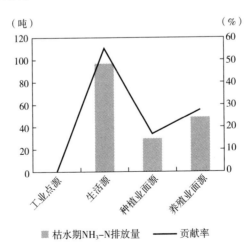

图 4-88　分区 7 枯水期各污染源 NH₃-N 排放量及贡献率

从图 4-88 可以看出，枯水期间该区 NH_3-N 排放主要来自生活源，占该区 NH_3-N 排放总量的 55.15%；其次来自养殖业面源，占该区 NH_3-N 排放总量的 27.78%；种植业面源排放 NH_3-N 的量占该区 NH_3-N 排放总量的 16.91%；工业点源排放 NH_3-N 的量只占到该区 NH_3-N 排放总量的 0.16%。

（4）丰水期、平水期、枯水期三个时期 NH_3-N 排放量对比分析。

1）丰水期、平水期、枯水期三个时期 NH_3-N 排放总量对比分析。对丰水期、平水期、枯水期三个时期 NH_3-N 排放总量的对比分析发现，NH_3-N 排放量在丰水期会略多于平水期和枯水期，占到全年 NH_3-N 排放总量的 48.15%。图 4-89 显示了不同时期 NH_3-N 的排放总量。

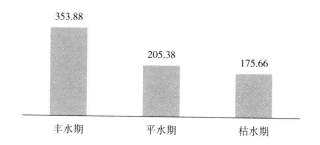

图 4-89　分区 7 不同时期 NH_3-N 排放总量（单位：吨）

2）丰水期、平水期、枯水期三个时期工业点源排放 HN_3-N 对比分析。对丰水期、平水期、枯水期三个时期工业点源排放 NH_3-N 进行比较，工业点源 NH_3-N 排放量在丰水期、平水期和枯水期基本相等，分别占到该年工业点源 NH_3-N 排放量的 33% 左右。各时期工业点源排放 NH_3-N 总量如图 4-90 所示。

3）丰水期、平水期、枯水期三个时期种植业面源排放 NH_3-N 对比分析。对丰水期、平水期、枯水期三个时期种植业面源排放 NH_3-N 进行比较，种植业面源排放 NH_3-N 主要集中在丰水期，占到全年种植业面源 NH_3-N 排放总量的 70%。种植业面源排放 NH_3-N 分别在平水期和枯水期占到种植业面源全年 NH_3-N 排放总量的 20% 和 10%。说明该区农耕施肥集中在丰水期时期。各时期种植业面源 NH_3-N 排放总量如图 4-91 所示。

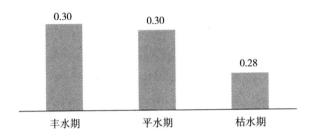

图 4-90 分区 7 不同时期工业点源生产 NH_3-N 排放总量（单位：吨）

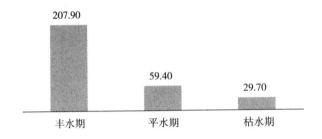

图 4-91 分区 7 不同时期种植业面源 NH_3-N 排放总量（单位：吨）

2. NH_3-N 排放行业比较

分区 7 共有 3 个行业，分别为铅蓄电池制造业、金属制造业和药剂材料制造业。其中，铅蓄电池制造业有 7 家企业，金属制造业有 1 家企业，药剂材料制造业有 1 家企业。2018 年，铅蓄电池业 NH_3-N 排放量为 0.65 吨，金属制造业 NH_3-N 排放量为 0.15 吨，药剂材料制造业 NH_3-N 排放量为 0.87 吨（见图 4-92）。铅蓄电池制造业 NH_3-N 排放量占到该区各行业 NH_3-N 排放总量的 38.92%；金属制造业 NH_3-N 排放量占到该区各行业 NH_3-N 排放总量的 8.98%；药剂材料制造业 NH_3-N 排放量占到该区各行业 NH_3-N 排放总量的 52.1%。

（1）不同时期 NH_3-N 排放行业比较。丰水期间，铅蓄电池制造业排放 $NH_3-N0.22$ 吨，金属制造业排放 $NH_3-N0.02$ 吨，药剂材料制造业排放 $NH_3-N0.05$ 吨。平水期间，铅蓄电池制造业排放 $NH_3-N0.22$ 吨，金属制造业排放 $NH_3-N0.02$ 吨，药剂材料制造业排放 $NH_3-N0.05$ 吨。枯水期间，铅蓄电池制造业排放 $NH_3-N0.2$ 吨，金属制造业排放 $NH_3-N0.02$ 吨，药剂材料制造业排放 $NH_3-N0.05$ 吨。不同时期各行业 NH_3-N 排放量如图 4-93 所示。

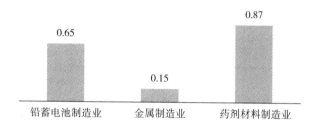

图 4-92 分区 7 不同行业 NH_3-N 排放量（单位：吨）

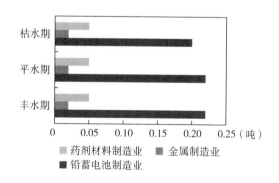

图 4-93 分区 7 不同时期各行业 NH_3-N 排放量

从图 4-93 可以看出，该区不同时期 NH_3-N 排放主要来自铅蓄电池制造业，主要是该区铅蓄电池制造业有 7 家企业，而金属制造业和药剂材料制造业分别只有 1 家企业所致。同时，各行业的生产强度比较均匀，不同

时期的 NH_3-N 排放量基本一致。

（2） NH_3-N 排放行业绩效分析。通过计算单位排放 NH_3-N 所对应的产值、税收、就业人数和 R&D 投入等指标，对各行业进行评价，结果如表4-7所示。

表4-7　不同行业各指标评价结果

行业 \ 指标	R&D/NH₃-N（万元/吨）	税收/NH₃-N（万元/吨）	产值/NH₃-N（万元/吨）	就业/NH₃-N（人/吨）
铅蓄电池制造业	54071.42	74117.19	1256861.39	4265.63
金属制造业	5000.00	3333.33	83333.33	666.67
药剂材料制造业	4666.67	2666.67	76666.67	866.67

通过表4-7分析得出，单位 NH_3-N 排放量所对应的 R&D 投入、税收、产值和就业人数，铅蓄电池制造业均高于金属制造业和药剂材料制造业。金属制造业和药剂材料制造业相比较，单位 NH_3-N 排放量对应的 R&D 投入、产值和就业，金属制造业均高于药剂材料制造业。

3. NH_3-N 排放企业比较

分区7拥有9家企业，其中铅蓄电池制造业7家，金属制造业和药剂材料制造业各1家。2018年，工业点源 NH_3-N 排放总量为0.87吨，各企业 NH_3-N 排放量及贡献率如图4-94所示。

通过图4-94发现，＊＊江森＊＊有限公司年 NH_3-N 排放量最大，达到0.40吨，占该区所有企业年 NH_3-N 排放量的46.27%；年 NH_3-N 排放量最小的是＊＊长久能源＊＊有限公司，只有0.02吨，占该区所有企业年 NH_3-N 排放量的0.23%。该区企业年 NH_3-N 平均排放量为0.1吨，其中超过年 NH_3-N 排放量平均值的企业有3家，分别是＊＊江森＊＊有限公司、＊＊天能＊＊有限公司和＊＊大川＊＊有限公司。

（1）丰水期 NH_3-N 排放企业比较。2018年，丰水期工业点源 NH_3-N 排放总量为0.3吨，各企业丰水期 NH_3-N 排放量及贡献率如图4-95所示。

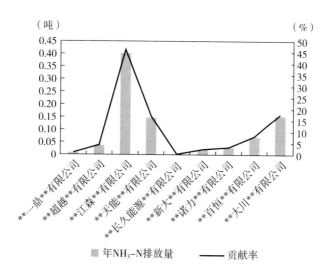

图 4-94　分区 7 不同企业年 NH$_3$-N 排放量及贡献率

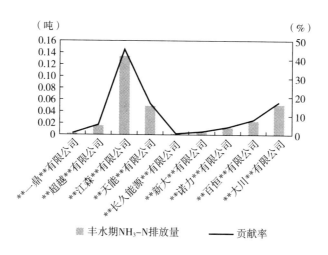

图 4-95　分区 7 不同企业丰水期 NH$_3$-N 排放量及贡献率

通过图 4-95 分析发现，＊＊江森＊＊有限公司丰水期 NH$_3$-N 排放量最大，达到 0.13 吨，占该区所有企业丰水期 NH$_3$-N 排放量的 44.98%；丰水期 NH$_3$-N 排放量最小的是＊＊长久能源＊＊有限公司，排放量接近 0 吨，

占该区所有企业丰水期 NH₃-N 排放量的 0.01%。该区企业丰水期 NH_3-N
平均排放量为 0.03 吨，其中超过丰水期 NH_3-N 排放量平均值的企业有 3
家，分别是＊＊江森＊＊有限公司、＊＊天能＊＊有限公司和＊＊大川＊＊有
限公司。

（2）平水期 NH_3-N 排放企业比较。2018 年，平水期工业点源 COD 排
放总量为 0.3 吨，各企业平水期 NH_3-N 排放量及贡献率如图 4-96 所示。

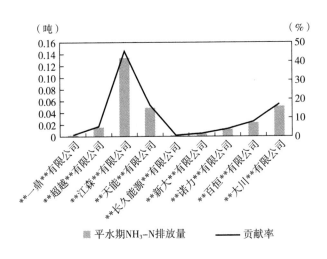

图 4-96　分区 7 不同企业平水期 NH_3-N 排放量及贡献率

通过图 4-96 分析发现，＊＊江森＊＊有限公司平水期 NH_3-N 排放量最
大，达到 0.13 吨，占该区所有企业平水期 NH_3-N 排放量的 45.41%；平
水期 NH_3-N 排放量最小的是＊＊长久能源＊＊有限公司，只有 0.0013 吨，
占该区所有企业平水期 NH_3-N 排放量的 0.64%。该区企业平水期 NH_3-N
平均排放量为 0.03 吨，其中超过平水期 NH_3-N 排放量平均值的有 3 家，
分别是＊＊江森＊＊有限公司、＊＊天能＊＊有限公司和＊＊大川＊＊有限
公司。

（3）枯水期 NH_3-N 排放企业比较。2018 年，枯水期工业点源 NH_3-N
排放总量为 0.28 吨，各企业枯水期 NH_3-N 排放量及贡献率如图 4-97 所示。

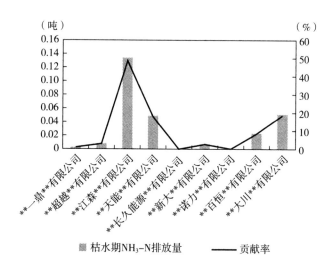

图 4-97　分区 7 不同企业枯水期 NH_3-N 排放量及贡献率

通过图 4-97 分析发现，＊＊江森＊＊有限公司枯水期 NH_3-N 排放量最大，达到 0.13 吨，占该区所有企业枯水期 NH_3-N 排放量的 48.58%；枯水期 NH_3-N 排放量最小的是＊＊长久能源＊＊有限公司，占该区所有企业枯水期 NH_3-N 排放量的 0.03%。该区企业枯水期 NH_3-N 平均排放量为 0.028 吨，其中超过枯水期 NH_3-N 排放量平均值的企业有 3 家，分别是＊＊江森＊＊有限公司、＊＊天能＊＊有限公司和＊＊大川＊＊股份有限公司。

4. NH_3-N 排放企业绩效分析

（1）单位 NH_3-N 排放对应产值。对该区企业进行单位 NH_3-N 排放对应产值计算，结果如图 4-98 所示，发现＊＊天能＊＊有限公司单位 NH_3-N 排放对应产值最高，达到 2568379.15 万元；其次是＊＊一鼎＊＊有限公司；单位 NH_3-N 排放对应产值最小的是＊＊百恒＊＊有限公司，只有 71326.68 万元。

（2）单位 NH_3-N 排放对应税收。对该区企业进行单位 NH_3-N 排放对应税收计算，结果如图 4-99 所示，发现＊＊新大＊＊有限公司单位 NH_3-N 排放对应税收最高，达到 631204.14 万元；其次是＊＊天能＊＊有限公司；单位 NH_3-N 排放对应税收最小的是＊＊大川＊＊有限公司，只有 2604.17 万元。

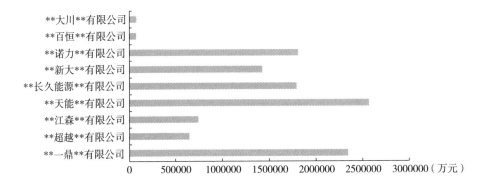

图 4-98　分区 7 单位 NH$_3$-N 排放对应产值

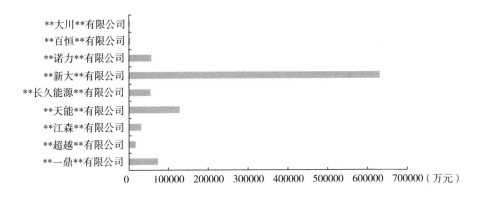

图 4-99　分区 7 单位 NH$_3$-N 排放对应税收

（3）单位 NH$_3$-N 排放对应 R&D 投入。对该区企业进行单位 NH$_3$-N
排放对应 R&D 投入计算，结果如图 4-100 所示，发现 ＊＊天能＊＊有限公
司单位 NH$_3$-N 排放对应 R&D 投入最大，达到 111668.66 万元；最小的是
＊＊百恒＊＊有限公司，只有 4279.6 万元。

（4）单位 NH$_3$-N 排放对应就业人数。对该区企业进行单位 NH$_3$-N 排
放对应就业人数计算，结果如图 4-101 所示，发现 ＊＊长久能源＊＊有限
公司单位 NH$_3$-N 排放对应就业人数最多，达到 29869.75 人；最少的是 ＊＊
百恒＊＊有限公司，只有 570.61 人。

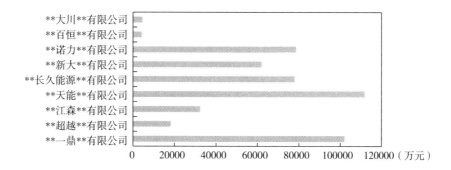

图4-100　分区7单位NH$_3$-N排放对应R&D投入

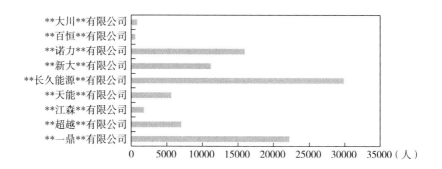

图4-101　单位NH$_3$-N排放对应就业人数

四、结论

通过典型分区2、分区3、分区7污染排放现状分析发现,各分区污染来源主要集中在企业生产、居民生活、农业耕作、水产养殖等过程,各污染源污染途径和排放量各不相同。例如,农业面源污染主要来自化肥和农药的过量使用,通过地表和地下径流对水体造成污染;工业点源污染主要通过污水处理厂净化处理后流入水体。考虑各分区经济社会发展水平不同,各污染源排放量差异显著,同一污染源在不同时期排放量迥异,特别是种植业面源污染排放主要集中在丰水期,单纯重视点源污染治理而忽略各污染源之间的相互关系和各污染源与水环境之间的互动关系将不利于区域水环境治理和水环境承载力提高。同时，若把污染排放看作工矿企业生产投入要素，各分区工矿企业污染排放绩效区别明显。因此，应通过点面源协同治理，综合考虑各污染源减排成本收益，通过面源减排腾出水环境资源支撑工业新兴产业发展，工业经济效益反哺面源污染治理和市政治污设施建设，并通过排污权初始分配促进水资源要素向使用效率高的企业流动，提高工矿企业平均污染排放绩效水平，从而在保证区域安全水环境容量的前提下，达到促进经济社会发展和区域水环境承载力提高的良性循环。

第五章

水环境承载力评估

水环境承载力是在一定水文条件和水质目标约束下，区域水体可支撑的一定结构、布局和技术水平下经济社会发展规模。通过水环境承载力数量和状态评估，利用数量评估结果衔接区域排污权初始分配总量，并在分配过程中考虑水环境承载状态，提升水环境承载力状态水平。本章以 Z 县为研究对象，分别采用山区性河流一维模型和 DPSRE 模型对 Z 县水环境承载力进行数量和状态评估。

第一节　Z县水环境承载力数量评估

从纳污能力角度可以把水环境承载力理解为某一水域水体可以继续正常使用并且生态系统能够保持良好运转前提下所能接纳的污染物上限即水环境容量。本节讨论的水环境容量指的是 Z 县各个水生态功能分区在现有污染物分布以及满足其水质目标情况下的各分区水体纳污能力及各分区当前的污染物限排总量。

135

一、纳污水体与控制断面确定

Z 县 7 个水生态功能分区下共有 30 个纳污水体与 18 个（6 个国、省级；10 个县级；2 个新增）控制断面。各分区的纳污水体如表 5-1 所示。

表 5-1　Z 县纳污水体分布

分区	计数	纳污水体
分区 1	3	合溪、合溪新港、长湖申线
分区 2	6	金沙涧、夹浦港、王长港、双港、北塘港、北横港
分区 3	6	长兴港、合溪新港、北塘港、北横港、黄土桥港、张王塘港
分区 4	6	西苕溪、长湖申线、泗安塘、胥仓桥港、里塘港、九里塘港
分区 5	2	泗安塘、姚家桥港
分区 6	3	杨夹浦港、北横港、南横港
分区 7	4	西苕溪、和平港、青山港、晓墅港

各分区内的控制断面为：①分区 1：控制断面有小浦水厂（小浦镇）；②分区 2：控制断面有竹园桥（水口乡）、双渡桥和夹浦桥（夹浦镇）；③分区 3：控制断面有蝴蝶桥、红旗闸（雉城街道）、新塘和合溪新港桥（太湖街道）；④分区 4：控制断面有横塘渡（虹星桥镇）、八字桥（吕山乡）；⑤分区 5：控制断面有林城水厂、西河桥（林城镇）；⑥分区 6：控制断面有祥符斗（李家巷镇）、杨家浦（洪桥镇）；⑦分区 7：控制断面有荆湾、吴山渡、胥仓桥、南潘（和平镇）（见图 5-1）。

二、计算原则

本书从入河排污量、纳污能力、限制排污总量的定义和计算方法入手。梳理现行法律法规和技术规范中对入河排污口设置提出明确要求的条款，分析每类水功能区对设置排污口的要求，明确提出限制排污总量的原则。主要包括以下 3 类：

图 5-1　Z 县水系及监控断面位置分布

（一）饮用水源保护区

1. 入河排污口设置规定

禁止在饮用水水源保护区、自然保护区核心区设置排污口。

2. 限排总量原则

（1）若水功能区无排污口，则将来禁止设置，限排总量为 0。

（2）若水功能区有排污口，则将来不能新（改、扩）建，力争取消、迁移排污口或减少排放量，限排总量取纳污能力和登记排污口许可排放量的小值。

（二）除饮用水源保护区之外的其他开发利用区

水质目标优于 Ⅱ 类。

1. 入河排污口设置规定

禁止新建排污口，现有排污口应按水体功能要求，实行污染物总量控制。

2. 限排总量原则

（1）若水功能区无排污口，则将来不得新建，限排总量为 0。

（2）若水功能区有排污口，则将来不得新增污染物入河量，限排总量取纳污能力和登记排污口许可排放量的小值。

（三）除饮用水源保护区之外的其他开发利用区

水质目标为 Ⅱ 类以下。

1. 入河排污口设置规定

应按照排污控制总量要求，有度地限制设置新的入河排污口。

2. 限排总量原则

不能超过水域纳污能力。

三、计算方法

（一）河流一维模型

在设计水文条件下，长兴境内河流流量均低于 150 立方米/秒，且河床宽浅，按照《水域纳污能力计算规程》（GB/T 25173）（以下简称《规程》）规定，采用河流一维水质模型计算。模型公式如下：

$$C_x = C_0 exp\left(-K\frac{x}{u}\right) \tag{5-1}$$

式中，C_0 为初始断面的污染物浓度（毫克/升）；C_x 为流经 x 距离后的污染物浓度（毫克/升）；x 为沿河段的纵向距离（米）；u 为设计流量下河道断面的平均流速（米/秒）；K 为污染物综合衰减系数，$s-1$。

假定一段河流，污染源考虑在同一功能区内沿河均匀分布，其纳污能力计算公式如下：

$$W = 31.536 \times b \times \left(C_s - C_0 \times exp\left(-K \times \frac{L}{u}\right)\right) \times \frac{\left(Q \times K\frac{L}{u}\right)}{\left(1 - exp\left(-K\frac{L}{u}\right)\right)} \tag{5-2}$$

式中，W 为纳污能力（吨/天）、b 为不均匀系数、C_0 为上断面来水污染物浓度（毫克/升）、C_s 为下断面污染物浓度（毫克/升）、L 为上断面沿河段与下断面的纵向距离（米）、Q 为设计流量（立方米/秒），其余符号意义同前。

（二）水库纳污能力计算方法

境内相关水库均为面积小于 25 平方千米的中小型水库，按照《规程》要求，采用湖（库）均匀混合模型计算。模型公式如下：

$$C_t = \frac{m+m_0}{K_h V} + \left(C_h - \frac{m+m_0}{K_h V} \right) exp(-K_h t) \qquad (5-3)$$

$$K_h = \frac{Q_L}{V} + K \qquad (5-4)$$

$$m_0 = C_0 Q_L \qquad (5-5)$$

式中，C_t 为计算时段 t 内的污染物浓度（毫克/升）、m 为污染物入河速率（克/秒）、m_0 为湖（库）入流污染物排放速率（克/秒）、K_h 为中间变量、V 为设计水文条件下的湖（库）容积（立方米）、C_h 为湖（库）现状污染物浓度（毫克/升）、t 为计算时段时长（秒）、Q_L 为湖（库）出流量（立方米/秒）、C_0 为来水的污染物浓度（毫克/升），其余符号意义同前。

对于某一段时间内的稳定状态，假定流入的污染物经充分混合后的浓度稳定，且流入、流出水量相同，则湖（库）纳污能力按下式计算：

$$W = \overline{C} \times K \times V \times b \qquad (5-6)$$

式中，$\overline{C}$ 为水质目标浓度值（毫克/升），其余符号意义同前。

四、水环境容量计算结果

根据上述 Z 县纳污水体监测断面分布和模型选择，利用 Z 县各个水生态功能分区断面参数及实际监测数据，代入上述公式计算丰水期、平水期和枯水期的各分区水环境纳污容量以及各污染物（COD、NH_3-N）限排总量，计算结果如表 5-2 所示。

表5-2 Z县各生态功能分表区各时期污染物限排总量

分区	年限排总量		枯水期污染物限排总量		平水期污染物限排总量		丰水期污染物限排总量	
	COD	NH₃-N	COD	NH₃-N	COD	NH₃-N	COD	NH₃-N
分区1	52.25	1.26	13.26	0.32	16.17	0.39	22.82	0.55
分区2	0.00	0.00	0.00	0.00	0.00	0.00	0.00	0.00
分区3	441.81	24.64	125.10	7.18	139.08	7.84	177.63	9.62
分区4	1319.85	110.14	431.24	36.40	437.10	36.61	451.51	37.13
分区5	707.68	44.31	205.90	13.50	225.58	14.30	276.20	16.51
分区6	2127.10	186.12	709.03	62.04	709.03	62.04	709.03	62.04
分区7	665.70	26.31	167.95	6.43	206.08	8.07	291.66	11.81

注：分区2为饮用水源保护区，禁止设置排污口排放污染物。

第二节　Z县水环境承载力状态评估

一、水环境承载力评估指标体系框架构建

社会、经济和人口的发展作为驱动力，推动着水环境的健康发展，由于社会的发展和城镇化的推进，使得水资源需求量不断增加，大量生活污水和工业废水排入水体，对水环境施加了巨大的压力，同时水环境进行自我调节，面对工业、农业以及城镇化的发展呈现出一定的状态，而社会根据水环境调节状况做出响应，以维持水环境系统的健康稳定状态，相关企业加强新技术研发，提高对水资源利用的同时改进污水处理技术，提高了经济效益。采用驱动力→压力→状态→响应→效益（DPSRE）评估模型可以较好地反映以上逻辑关系。因此为了更好地评估Z县水环境承载力，构

建以"驱动力→压力→状态→响应→效益"为框架的 Z 县水环境承载力评估指标体系，具体框架如图 5-2 所示。

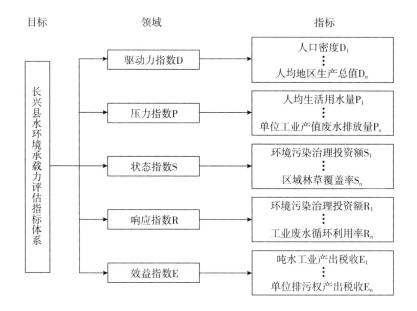

图 5-2 Z 县水环境承载力评估指标体系框架

二、评估指标的初选

（一）评估指标初选方法

根据定性和定量相结合的原则分析指标选取方法，本书应用定性分析法对评估体系指标进行初选，目前应用较为广泛的定性分析法主要有频度统计法、理论分析法和专家咨询法。

频度统计法是通过收集和阅读大量相关领域的参考文献，分析评估对象取得的成果，对资料中出现频度高的指标进行统计，然后进行分析选取。该法操作较为简单，指标选取较为全面，但工作量大且指标之间关系不易区分。

理论分析法是评估者依据自己的认知、经验以及知识储备，在充分考虑评估对象的重要影响因素后，将评估对象划分成若干个不同层次，形成若干个子系统，对每一部分逐步分析，层层考虑，直到有具体的评估指标来表达每一层。该方法系统性强且层次清晰，但指标选择有一定局限。

专家咨询法是通过咨询研究领域相关专家，凭借其丰富的经验给出建议，确定指标体系。该方法是一种简单易行、应用方便的方法，适宜在难以确定的指标选取时应用，其缺点主要是受到专家主观因素的影响。

为了能获得科学、全面的评估指标体系，本书同时采用频度统计法和专家咨询法（参加咨询的专家基本情况见表5-3）对评估指标进行初选，即以DPSRE模型为评估指标体系框架，通过专家咨询法确定具体的评估指标，同时收集了国内外40篇研究水环境承载力的高被引文献（见表5-4），整理出水环境承载力相关指标并进行频度分析，选取其中出现频率较高的指标作为参考指标。

表5-3 咨询专家基本情况

专家所在部门	研究/工作领域	人数	职称
＊＊大学	水污染控制、农业面源污染	2	正高
＊＊大学	富营养化湖泊生态修复和生态水处理	2	正高
＊＊大学	环境规划与管理、管理科学与工程	2	正高
＊＊流域水资源保护局	水资源开发利用规划、水体污染防控与生态修复	2	正高
＊＊排污权交易中心	主要从事环境与经济政策研究工作	1	高工
＊＊水利河口研究院	水利工程、港口航道等工程规划	1	中级
＊＊生态环境保护局	生态建设、污染防治及企业排污相关工作	1	中级
＊＊水利局	水域管理与保护	1	中级
＊＊农业农村局	农作物种植与肥料监督管理	1	中级
＊＊统计局	从事社会经济、工业和农业统计工作	1	中级

表 5-4 文献指标频度分析

指标名称	频次	指标名称	频次
万元 GDP/工业产值用水量	29	农田灌溉有效利用系数	9
万元 GDP 化学需氧量排放量	25	农田灌溉面积	9
污水集中处理率	24	单位灌溉面积用水量	9
人均 GDP	24	生态用水量	8
人均水资源量	22	单位面积施肥量	8
水资源开发利用率	21	人均/单位 GDP 生活污水排放量	8
工业用水重复利用率	19	城镇恩格尔系数	7
万元工业产值废水排放量	18	农民人均收入	7
工业废水排放达标率	18	水资源供需比	5
城镇化率	17	污水回用率	5
人均生活用水量	16	第三产业占 GDP 比重	4
水质达标率	15	建成区绿化覆盖率	4
人均供水量	13	森林覆盖率	4
人口密度/人口数量	12	工业产值占 GDP 比重	4
万元 GDP 氨氮排放量	10	城市再生水利用率	4
环保投资占 GDP 比重	10		

（二）评估指标初选记过

在指标选取过程中以"水生态保护红线、水资源利用上限、水环境质量底线和环境准入负面清单"为依据，参照了曾维华、齐心、王金南、张远等国内学者关于水环境承载力的研究成果，结合《生态县、生态市、生态省建设指标》和《水污染防治行动计划》中的要求，再综合考虑 Z 县发展现状、资源环境条件和自然地理特征后，本书初步选取 31 个指标来构建评估指标体系，初选评估指标如表 5-5 所示。

143

表 5-5 Z 县水环境承载力评估指标体系（初选）

领域	指标名称
驱动力指数（D）	人口密度（人/平方千米）
	单位国土面积地区生产总值（亿元/平方千米）
	单位工业用地工业产出税收（万元/亩）
	人均地区生产总值（元）
	城镇化率（%）
压力指数（P）	万元地区生产总值用水量（立方米）
	单位耕地面积化肥施用量（折纯）（千克/公顷）
	单位工业产值废水排放量（立方米/104 元）
	人均生活用水量（立方米/人）
	人口增长率（%）
	万元地区生产总值 COD 排放量（吨）
	万元地区生产总值氨氮排放量（吨）
状态指数（S）	区域出境断面水质达标率（%）
	河流流通性
	水资源开发利用率（%）
	水质净化指数
	河网密度
	生态基流保障率（%）
	区域林草覆盖率（%）
	岸带植物覆盖率（%）
	沉水植物覆盖率（%）
	人均水域面积（平方米/人）
响应指数（R）	环境监管能力
	城乡生活污水处理达标率（%）
	排水管道密度（千米/平方千米）
	刷卡排污普及率（%）
	工业废水循环利用率（%）
	污水处理厂处理能力（吨/日）
	生态环境建设投资占地区生产总值比率（%）

领域	指标名称
效益指数（E）	吨水工业产出税收（元）
	单位排污权产出税收（万元/吨）

（三）评估指标的筛选

在水环境承载力评估体系的建立过程中，为保证水环境承载力评估的效率和效果，所选评估指标不宜过多和重复，因此，需要对初选得到的指标进行筛选，在筛选过程中，需要确定适当的指标数量，考虑到指标内容的全面性、代表性，以及如何最大限度地减少信息损失，同时也需满足指标数据的可获取性。对评估指标筛选的方法主要分为定性分析法和定量分析法，定性筛选能够很好地反映区域实际情况，但不够客观，定量筛选客观性较强，但不能真实地反映地区实际特点，且由于初选指标属性各异，因此结合上述两种方法，对初选的 31 个评估指标进行筛选并适当补充和修改。

1. 定性分析

遵循获得性、独立性、针对性和可量化的指标定性筛选原则对初选得到的评估指标进行定性筛选。

（1）可获得性原则，即所选指标的数据可通过现有参考资料或现场调研获取。由于 Z 县统计部门和生态环境保护局未曾统计过各街道及乡镇的排水管道长度，导致排水管密度这一指标数据无法获取，故删除这一指标。由于 Z 县部分乡镇的农村居民较多，生活污水处理方式采用的是微动力处理终端或直接排放，用水量统计困难，因此将人均生活用水量这一指标剔除。由于水质净化指数需要考虑各河段的排污口位置和断面水质监测数据，且 Z 县点源和非点源排污口众多，调查相关数据非常困难，故删除这一指标。

（2）独立性原则，即所选指标要有独立性，尽量避免指标间信息重复。例如，人均地区生产总值和单位国土面积地区生产总值这两个指标都是用来衡量当地社会经济水平，指标之间信息有所重叠，因此删除人均地区生产总值这一指标。由于 Z 县各涉水企业生产废水均纳管进入污水处理厂，处理厂的排放执行统一标准，且万元地区生产总值氨氮排放量、万元地区生产总值化学需氧量排放量和单位工业产值废水排放量都是反映污染强度，综合考虑 Z 县的实际情况，因此删除万元地区生产总值氨氮排放量和万元地区生产总值化学需氧量排放量这两个指标。

（3）针对性原则，即所选指标有针对性，定义明确，且会随着时间和人类活动等因素的影响而发展变化。由于 Z 县位于南方平原河网地区，为丰水区，水资源丰富，常年都能超过生态基流，故将其删除。根据 Z 县河道现场调研发现，河道无明显改动，水库截坝数量较少，河网密度和河流连通性两个指标不能很好地动态衡量当地的水环境承载力，故删除。同时，由于人均水域面积、人口增长率、污水处理厂处理能力以及城镇化率4 个指标近年无发展变化，故将其删除。

（4）可量化原则，即所选指标能进行定量处理，有明确的数值进行数学计算分析。环境监管能力这一指标为定性指标，要考虑的因素众多，量化过程复杂，因此将其修改为环境监管能力（万人环保专职人员数）。根据实地调查发现，如果对水生植物严格划分其覆盖率，量化处理非常困难也没必要，故将沉水植物覆盖率这一指标改为水生植物覆盖率（含沉水植物、挺水植物、浮叶植物、湿地植物）。

指标筛选完成后需对其进一步优化。考虑到 Z 县工业发展的特点，涉水企业采用纳管排污的方式，工业废水处理成本关系到企业的经济效益，从而影响企业对水环境质量提升的投入，因此在效益指数中添加单位工业废水治理成本这一评估指标。同时由于 Z 县农村生活污水集中处理的方式采用的是微动力处理，生活污水处理成本对这项工程有直接影响，从而导致部分生活污水未处理直接排放，对水体造成污染，因此在效益指数中补充单位生活污水处理成本这项指标。

2. 定量分析

灰色关联分析法是一种可以对系统影响因素的重要性次序进行评判的

分析方法，优点是可以分析数据不足时不同指标的相关性问题，由于初选部分指标原始数据相对较少，因此采用灰色关联分析法来定量筛选评估指标，结果更加可信。

计算不同因素之间灰色关联的方法如下：

（1）收集评估数据。

（2）确定参考列。参考列是评估系统中一个相对理想的标准。在确定参考列各指标值时，需要考虑指标的正负向性质，其中评估指标为正时，数值越大越好；为负时，评估指标数值越小越好，序列的最高、最低限度值不变。

（3）数据的无量纲化处理。因为各个指标的初始量纲不同，为了消除量纲之间的差别，需在进行灰色关联度分析前对指标进行无量纲化处理，本书采用极差标准化法进行处理，公式如下：

正向指标：

$$y_{pi} = \frac{x_{pi} - x_{imin}}{x_{imax} - x_{imin}} \tag{5-7}$$

逆向指标：

$$y_{pi} = \frac{x_{imax} - x_{pi}}{x_{imax} - x_{imin}} \tag{5-8}$$

（4）计算灰色关联度系数。

计算方法如下：

$$\xi_{ij}(k) = \frac{\min_i \min_k |X_0(k) - X_i(k)| + \rho \max_i \max_k |X_0(k) - X_i(k)|}{|X_0(k) - X_i(k)| \rho \max_i \max_k |X_0(k) - X_i(k)|} \tag{5-9}$$

式中，$\xi_{ij}(k)$ 表示 k 时刻 i 指标的灰色关联系数，ρ 的取值范围在 0~1，一般取 0.5。

（5）确定关联度 r_{ij}。各指标与参考列的关联度计算公式如下：

$$r_{ij} = \frac{1}{N} \sum_{k=1}^{N} \xi_{ij}(k) \tag{5-10}$$

r_{ij} 的值越趋向于 1，相关性越好。

将本书构建的评估指标体系中各指标与参考列的关联度按照从大到小的顺序进行排列，结果如表5-6所示。

表5-6　各评估指标与Z县水环境承载力关联度

评估指标	关联度	评估指标	关联度
区域出境断面水质达标率	1.00000	单位耕地面积化肥施用量	0.77159
水资源开发利用率	0.93135	人口密度	0.74943
城镇生活污水处理达标率	0.92794	单位工业废水治理成本	0.71990
工业废水循环利用率	0.89046	单位生活污水处理成本	0.71184
刷卡排污普及率	0.87531	岸带植物覆盖率	0.70225
单位排污权产出税收	0.86683	万元地区生产总值化学需氧量排放量	0.66233
水生植物覆盖率	0.84699	万元地区生产总值氨氮排放量	0.65715
万元地区生产总值用水量	0.84290	人均水域面积	0.64731
单位工业产值废水排放量	0.83157	人均地区生产总值	0.61253
单位工业用地工业产出税收	0.82181	沉水植物覆盖率	0.60775
单位国土面积地区生产总值	0.81667	城镇化率	0.57339
区域林草覆盖率	0.78251	环境监管能力	0.70225
吨水工业产出税收	0.73856	污水处理厂处理能力	0.60775
生态环境建设投资占比	0.72992	河网密度	0.56184

3. 关键指标否决机制

一票否决是我国政府一项强有力的治理工具，是环境治理能力现代化的重要体现。太湖是我国富营养化最为严重的淡水湖泊之一，治理形势十分严峻，为保障清水入湖，同时达到监控断面考核要求，突出入湖断面水质达标在水环境承载力中的重要性，本书将区域出境断面水质达标率这一指标设为关键性指标，对水环境承载力评估时，采取关键指标否决制，即区域出境断面水质达标率未达到100%时，该地区的水环境承载力直接判定为超载。

4. 评估指标筛选结果

根据各评估指标与参考列关联度的排序，最终选取16个与水环境承

载力相关性高，能客观反映地区水环境承载力状态的评估指标，建立 Z 县
水环境承载力评估指标体系，具体指标如图 5-3 所示。

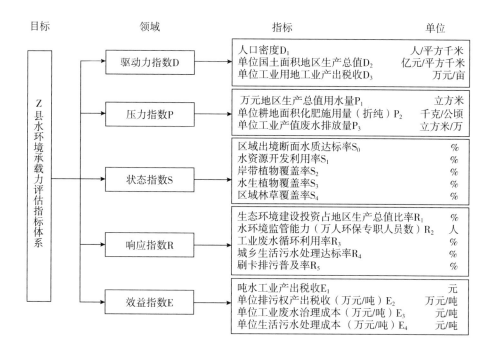

图 5-3 Z 县水环境承载力评估指标体系（筛选）

（四）层次分析法确定指标权重

层次分析法（AHP）是美国运筹学家 Saaty 于 20 世纪 70 年代首次提
出的一种定性与定量相结合的层次权重决策分析方法，常用于解决复杂的
多目标决策问题，其计算步骤如下：

步骤 1：运用德尔菲法对隶属同一级的指标进行两两评比，构造判断
矩阵。

$$A = \begin{bmatrix} a_{11} & \cdots & a_{1j} \\ \vdots & \ddots & \vdots \\ a_{i1} & \cdots & a_{ij} \end{bmatrix} \tag{5-11}$$

式中，a_{ij} 表示同一层级指标 i 指标相对于指标 j 的重要性评价结果。

步骤2：对于以上判断矩阵，利用特征根方法，根据公式：$AW = \lambda_{max}W$ 计算指标权重。λ_{max} 为判断矩阵的最大特征根，W 为特征向量。通过对特征向量 W 的归一化处理，即可得到指标的单层权重 ω'_i （$i = 1$，2，$\cdots$，k）。

步骤3：利用特征根进行判断矩阵的一致性检验，若 CR<0.1，则通过一致性检验，认可权重求解结果，否则需要重新调整判断矩阵。计算公式如下：

$$CI = \frac{\lambda_{max} - n}{n - 1} \tag{5-12}$$

$$CR = \frac{CI}{RI} \tag{5-13}$$

式中，CI 为一致性指标；n 为判断矩阵 A 的阶数，即该层级所含的指标个数；CR 表示一致性比例；RI 为平均随机一致性指标，取值如表5-7所示。

表5-7　平均随机一致性指标值

维数	1	2	3	4	5	6	7	8	9
RI	0.00	0.00	0.58	0.90	1.12	1.24	1.32	1.41	1.45

三、水环境承载力计算与分析

（一）数据来源与处理

本书研究区域为 Z 县，所涉及的社会、经济数据来自 2010~2018 年 Z 县统计年鉴；水资源数据来自《湖州市水资源公报》；气象、水文数据来源于 Z 县各气象站点和水文监测站；水质数据来自研究区各监测断面的监测数据；污染物排放数据来自各乡镇污水处理厂、企业调研和农业调研数据；水生态数据来自现场调研，河道相关数据通过 ArcGIS10.5 软件对遥感影像解译、提取获得，部分数据由 Z 县治水办公室提供。

为克服评估指标量纲和数量级不同对评估结果的影响，需要对评估指标作归一化处理。指标一般有正向指标（越大越好）、逆向指标（越小越好）以及区间最优指标三类。对正向指标用公式（5-14）进行处理，值越大，水环境承载力越大；逆向指标用公式（5-15）进行处理，值越大，水环境承载力越小。区间最优指标，设定一个最优值，其两侧分别按正向指标和逆向指标进行处理。通过查阅相关文献资料，结合 Z 县相关指标数据，获得 20 个指标的阈值范围和归一化数值，指标归一化的具体计算如表 5-8 所示。

$$\overline{X}_{ij} = \frac{X_{ij} - \min(X_i)}{\max(X_i) - \min(X_i)} \qquad (5-14)$$

$$\overline{X}_{ij} = \frac{\max(X_i) - X_{ij}}{\max(X_i) - \min(X_i)} \qquad (5-15)$$

表 5-8 水环境承载力评估指标归一值

指标名称	指标归一化区间值（承载能力由高到低，最高为 1，最低为 0）		
	R = 1	R ∈（0，1）	R = 0
D_1 人口密度（人/平方千米）（-）	$D_1 \leqslant 200$	$D_1 \in$（200，1000），$R =$（1000-D_1）/（1000-200）	$D_1 \geqslant 1000$
D_2 单位国土面积地区生产总值（亿元/平方千米）（+）	$D_2 \geqslant 0.5$	$D_2 \in$（0，0.5），$R =$（D_2-0）/（0.5-0）	$D_2 = 0$
D_3 单位工业用地工业产出税收（万元/亩）（+）	$D_3 \geqslant 30$	$D_3 \in$（5，30），$R =$（D_3-5）/（30-5）	$D_3 \leqslant 5$
P_1 万元地区生产总值用水量（立方米）	$P_1 \leqslant 50$	$P_1 \in$（50，200），$R =$（200-P_1）/（200-50）	$P_1 \geqslant 200$
P_2 单位耕地面积化肥施用量（折纯）（千克/公顷）（-）	$P_2 \leqslant 225$	$P_2 \in$（225，500），$R =$（500-P_2）/（500-225）	$P_2 \geqslant 500$
P_3 单位工业产值废水排放量（立方米/104 元）（-）	$P_3 \leqslant 1$	$P_3 \in$（1，10），$R =$（10-P_3）/（10-1）	$P_3 \geqslant 10$
S_0 区域出境断面水质达标率**	$S_0 = 100$	$S_0 \in$（0，100），R = 0	$S_0 = 0$

续表

指标名称	指标归一化区间值 （承载能力由高到低，最高为1，最低为0）		
	R＝1	R∈（0，1）	R＝0
S_1 水资源开发利用率（%）（-）	$S_1 \leqslant 10$	$S_1 \in$（10，100）， $R=(100-S_1)/(100-10)$	$S_1 \geqslant 100$
S_2 岸带植物覆盖率（+）	$S_2 = 100$	$S_2 \in$（0，1），$R=S_2/30$	$S_2 = 0$
S_3 水生植物覆盖率（%）（+）	$S_3 = 30$	$S_3 \in$（0，30），$R=S_3/30$ $S_3 \in$（30，100）， $R=(100-S_3)/(100-30)$	$S_3 = 0$ Or $S_3 = 100$
S_4 区域林草覆盖率（%）（+）	$S_4 \geqslant 60$	$S_4 \in$（18，60）， $R=(S_4-18)/(60-18)$	$S_4 \leqslant 18$
R_1 生态环境建设投资占地区生产 总值比率（%）（+）	$R_1 \geqslant 1.0$	$R_1 \in$（0，1.0），$R=R_1$	$R_1 = 0$
R_2 水环境监管能力 （万人环保专职人员数）（人）（+）	$R_2 \geqslant 10$	$R_2 \in$（0，10），$R=R_2/10$	$R_2 = 0$
R_3 工业废水循环利用率（%）（+）	$R_3 = 100$	$R_3 \in$（20，100）， $R=(R_3-20)/(100-20)$	$R_3 \leqslant 20$
R_4 城乡生活污水处理达标率 （%）（+）	$R_4 = 100$	$R_4 \in$（50，100）， $R=(R_4-50)/(100-50)$	$R_4 \leqslant 50$
R_5 刷卡排污普及率（%）（+）	$R_5 = 100$	$R_5 \in$（0，100），$R=R_5/100$	$R_5 = 0$
E_1 吨水工业产出税收（元）（+）	$E_1 \geqslant 100$	$E_1 \in$（20，100）， $R=(E_1-20)/(100-20)$	$E_1 \leqslant 20$
E_2 单位排污权产出税收 （万元/吨）（+）	$E_2 \geqslant 300$	$E_2 \in$（20，300）， $R=(E_2-20)/(300-20)$	$E_2 \leqslant 20$
E_3 单位工业废水治理成本 （万元/吨）（-）	$E_3 \leqslant 1.5$	$E_3 \in$（1.5，30）， $R=(30-E_3)/(30-1.5)$	$E_3 \geqslant 30$
E_4 单位生活污水处理成本 （万元/吨）（-）	$E_4 \leqslant 0.5$	$E_4 \in$（0.5，2.0）， $R=(2.0-E_4)/(2.0-0.5)$	$E_4 \geqslant 2.0$

注："+"表示为正向指标，"-"表示为逆向指标。区域出境断面水质达标率未达到100%，则该区域水环境承载力超载。

（二）权重确定

水环境承载力的各种影响因素相互联系和制约，具有很大的模糊性和不确定性。采用层次分析法确定各指标权重，通过对水资源、水环境、水生态、水管理及宏观经济管理领域的专家学者（各领域 3 位专家）以问卷的形式开展各指标间重要性比较，经过整理分析获得各指标重要性比较的判断矩阵（见表 5-9），依据层次分析法计算指标权重的计算步骤，通过计算驱动力指数（D）、压力指数（P）、状态指数（S）、响应指数（R）、效益指数（E）相对于目标层 Z 县水环境承载力归一化后的权重分别为 0.065、0.120、0.337、0.281、0.197，CI = 0.0107，查表得 RI = 1.12，则 CR = CI/RI = 0.01 < 0.1 满足一致性检验。继而计算出各指标权重（见表 5-10）。

表 5-9　水环境承载力指数判断矩阵

	D	P	S	R	E
D	1	1/2	1/5	1/4	1/3
P	2	1	1/3	1/2	2/3
S	5	3	1	3/2	2
R	4	2	1/2	1	3/2
E	3	1.5	2/3	2/3	1

表 5-10　水环境承载力评价指标权重

一级指标名称	一级指标权重 f	二级指标名称	二级指标权重 f_1（相对于一级指标）	二级指标权重 f_2（相对于水环境承载力）
驱动力指数（D）	0.065	D_1 人口密度（人/平方千米）（-）	0.2	0.013
		D_2 单位国土面积地区生产总值（亿元/平方千米）（+）	0.4	0.026
		D_3 单位工业用地工业产出税收（万元/亩）（+）	0.4	0.026

一级指标名称	一级指标权重 f	二级指标名称	二级指标权重 f_1（相对于一级指标）	二级指标权重 f_2（相对于水环境承载力）
压力指数（P）	0.120	P_1 万元地区生产总值用水量（立方米）（-）	0.164	0.020
		P_2 单位耕地面积化肥施用量（折纯）（千克/公顷）（-）	0.297	0.036
		P_3 单位工业产值废水排放量（立方米/104 元）（-）	0.539	0.065
状态指数（S）	0.337	S_0 区域出境断面水质达标率**	—	—
		S_1 水资源开发利用率	0.423	0.143
		S_2 岸带植物覆盖率	0.227	0.076
		S_3 水生植物覆盖率	0.227	0.076
		S_4 区域林草覆盖率（%）（+）	0.123	0.041
响应指数（R）	0.281	R_1 生态环境建设投资占地区生产总值比率（%）（+）	0.154	0.043
		R_2 水环境监管能力（万人环保专职人员数）（+）	0.088	0.025
		R_3 工业废水循环利用率（%）（+）	0.257	0.072
		R_4 城乡生活污水处理达标率（%）（+）	0.412	0.116
		R_5 刷卡排污普及率（%）（+）	0.088	0.025
效益指数（E）	0.197	E_1 吨水工业产出税收（元）（+）	0.277	0.055
		E_2 单位排污权产出税收（万元/吨）（+）	0.466	0.092
		E_3 单位工业废水治理成本（万元/吨）（-）	0.096	0.019
		E_4 单位生活污水处理成本（万元/吨）	0.161	0.032

注：**该指标为关键性指标，不参与水环境承载力的计算。该指标（区域出境断面水质达标率）未达到100%，则该区域水环境承载力处于超载状态。

（三）水环境承载力计算

水环境承载力评估结果既要体现各指标的优劣状态，又要反映各指标对于水环境承载力的重要程度，通常采用加权求和方法得到表征区域水环

境承载力相对大小的综合指数评价模型 S_{WECC}，即

$$S_{WECC} = \sum_{i=1}^{m} S_i \omega_i \qquad (5\text{-}16)$$

式中，S_{WECC} 为水环境承载力综合评价指数；S_i 为指标层中第 i 个指标的标准值；ω_i 为指标层中第 i 个指标的权重；m 为指标的个数。

水环境承载力（S_{WECC}）的取值范围介于 0~1，其大小反映了区域水环境承载力的好坏程度，值越大说明该区域水环境承载力越大；值越小说明该区域水环境承载力越小，不能够承受较大的压力。为定性评估区域水环境承载力好坏程度，依据其评估结果划分为未超载、临界超载、超载 3 个等级，等级划分标准如表 5-11 所示。

表 5-11　水环境承载力状态等级划分标准

承载等级	超载	临界超载	未超载
综合评价值（S_{WECC}）	0~0.5	0.5~0.7	0.7~1.0

注：断面水质不达标时水环境承载等级为超载。

（四）水环境承载力空间分析

将 Z 县各分区的水环境承载力计算结果导入 ArcGIS 软件，通过 ArcGIS 软件对所算结果进行图形空间分析。2018 年，Z 县各水生态功能分区的综合水环境承载力以及驱动力指数、压力指数、状态指数、响应指数和效益指数空间分布如图 5-4 至图 5-8 所示。

从图 5-4 可以看出，2018 年，Z 县各分区驱动力指数评价值在 0.5~0.8，没有出现超载现象，其中分区 3 的驱动力指数评分最高，达到了 0.8，这是因为分区 3 位于经济发达的城区且高新技术企业分布较多，使得单位国土面积地区生产总值（D_2）和单位工业用地工业产出税收（D_3）评分较高，促进了水环境驱动力的提升；分区 4、分区 5 和分区 6 的驱动力指数评分较低，均低于 0.6，处于临界超载状态，主要原因是这些地区经济来源以农业为主且工业设施较为落后，导致单位国土面积地区生产总

值（D_2）和单位工业用地工业产出税收（D_3）评分偏低，制约了水环境
驱动力发展。

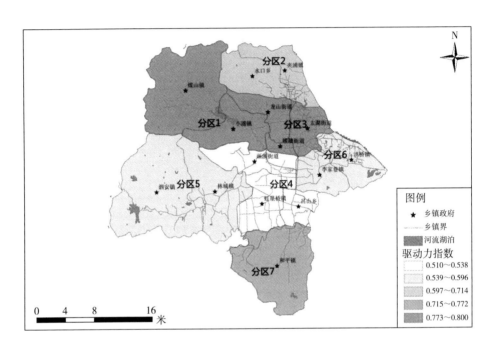

图 5-4　Z 县水环境承载力驱动力指数评估结果

从图 5-5 可以看出，2018 年，Z 县各分区压力指数评价值均在 0.5 以
上，没有出现超载现象，其中分区 1 的压力指数评分最高，达到了 0.96，
因为分区 1 的企业主要为蓄电池行业，废水处理设施齐全，用水、排水量
少，使得万元地区生产总值用水量（P_1）和单位工业产值废水排放量
（P_3）评分较高，减少了对水环境的压力。分区 2 的压力指数评分最低，
为 0.562，处于临界超载状态，因为分区 2 的夹浦镇是纺织大镇，涉水企
业众多，主要为纺织和印染行业，而且夹浦镇的散户喷水织机达到了 2000
多家，用水量大，废水处理设施落后，导致万元地区生产总值用水量
（P_1）和单位工业产值废水排放量（P_3）这两项指标评分偏低，加大了对
水环境的压力。分区 3 和分区 4 压力指数在 0.6~0.7，也处于临界超载状

态，分区 4 是由于农业用水量大，造成万元地区生产总值用水量（P_1）这一指标评分过低，分区 3 临界超载原因类似分区 2，纺织和印染行业排放废水量大造成的。分区 5、分区 6 和分区 7 压力指数在 0.7~0.9，处于未超载状态。

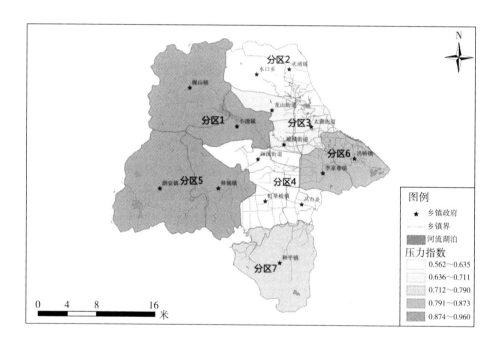

图 5-5 Z 县水环境承载力压力指数评估结果

从图 5-6 可以看出，2018 年，Z 县各分区状态指数总体水平偏低，其中分区 1、分区 2 的状态指数评分相对较高，分别为 0.663 和 0.689，仍处于临界超载状态，因为随着 Z 县城镇化、工业化的推进，分区 1 和分区 2 部分河道两岸兴建工厂，降低了河道两岸植被覆盖率，同时岸边带人工硬化，使得水生植物数量锐减，破坏了水生态环境，造成状态指数临界超载。分区 5 和分区 7 压力指数在 0.5~0.6，处于临界超载状态，由于该地区主产业为农业，灌溉用水量大，使得水资源开发利用率（S_2）偏高，同时岸带植物覆盖率（S_2）和水生植物覆盖率（S_3）偏低，导致状态指数临界超载；分区 3、分区 4 和分区 6 状态指数均在 0.5 以下，处于超载状态，超载主要原因是区域出境断面水质达标率（S_0）未达到 100%。

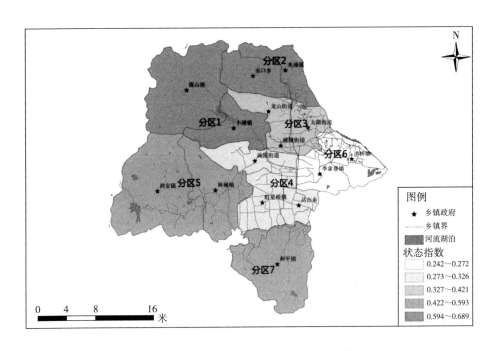

图 5-6　Z 县水环境承载力状态指数评估结果

从图 5-7 可以看出，2018 年，Z 县各分区响应指数评价值均在 0.6 以上，处于未超载状态，其中分区 2 的响应指数评分最高，为 0.811，据统计数据发现，分区 2 的刷卡排污普及率达到了 100%，并且企业环保人员数量较多，环境监管能力比较强，使得刷卡排污普及率（R_4）和环境监管能力（万人环保专职人员数）（R_2）两项指标评分较高，为调节水环境的状态做出了很好的响应；分区 3 和分区 5 响应指数介于 0.5~0.7，处于临界超载状态，主要因为该区域内的刷卡排污政策还没有全面推广落实，并且企业的相关环保人员数量相对较少，导致响应指数评分偏低。其余分区都处于未超载状态，响应指数大于 0.7。

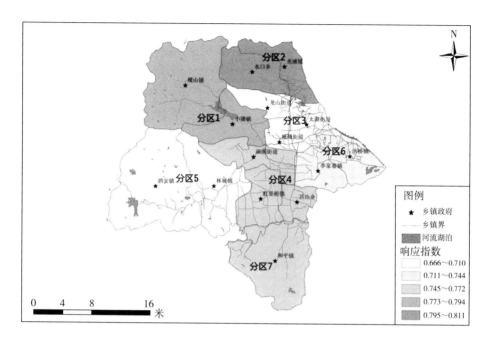

图 5-7 Z县水环境承载力响应指数评估结果

从图 5-8 可以看出，2018 年，Z县各分区效益指数区域差异明显，分区 2、分区 4 和分区 6 效益指数在 0~0.5，处于超载状态；分区 5 和分区 7 效益指数在 0.5~0.7，处于临界超载状态；分区 1 和分区 3 效益指数在 0.7~1.0，处于未超载状态。其中，分区 3 的效益指数评分最高，达到了 0.96，主要原因是吨水工业产出税收（E_1）和单位排污权产出税收（E_2）较高，单位工业废水治理成本（E_3）和单位生活污水处理成本（E_4）较低；分区 2 的效益指数评分最低，只有 0.29，由于分区 2 纺织和印染企业居多，耗水量大，排放废水量多，使得吨水工业产出税收（E_1）和单位排污权产出税收（E_2）这两项指标评分偏低，导致效益指数状态处于超载状态。

对水环境承载力整体评估结果进行分析发现，2018 年，Z县各分区水环境承载力区域差异明显，分区 3、分区 4 和分区 6 水环境承载力在 0~0.5，处于超载状态；分区 2、分区 5 和分区 7 水环境承载力在 0.5~0.7，处于临界超载状态；分区 1 水环境承载力在 0.7~1.0，处于未超载状态。分区 3 和分区 6 水环境承载力超载是由于出境断面水质达标率未达到100%，分区 4 水环境承载力超载主要原因是效益指数和状态指数评价值偏低。

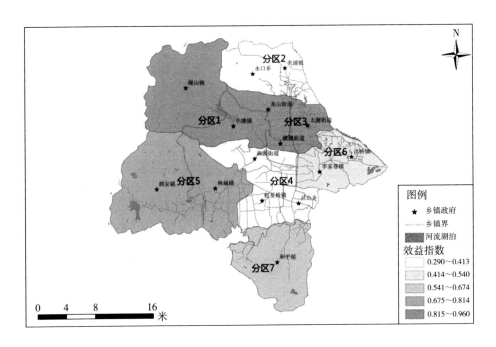

图 5-8 Z 县水环境承载力效益指数评估结果

（五）水环境承载力变化趋势分析

对 2010~2018 年 Z 县及 2018 年 Z 县各分区丰水期、平水期、枯水期的水环境承载力分析如图 5-9 至图 5-13 所示。

如图 5-9 所示，2010~2018 年，Z 县水环境承载力驱动力指数整体上呈上升趋势，驱动力指数由 0.606 提高到 0.88，增幅达 45.2%，其中单位国土面积地区生产总值（D_2）在驱动力指数中起着至关重要的作用，该指标从 2010 年的 0.396 增加至 2018 年的 0.852，增幅达 115.2%，是推动水环境发展的重要指标；驱动力指数在 2012 年降到了 0.51，临近超载状态，主要是因为当年的单位工业用地工业产出税收（D_3）评价值低于 0.5，同样说明该指标是驱动力指数决定性的指标；人口密度（D_1）多年来一直保持在 0.7 左右，说明驱动力指数受人口密度的影响较小。通过对水环境承载力驱动力指数评估指标分析，推动 Z 县水环境发展的主要因素是经济的发展，经济的提高是提升水环境承载力的关键，人口对水环境的影响较小，水环境所承载的人口在所能承载的范围之内。

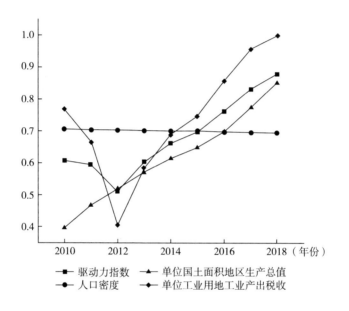

图 5-9　Z 县水环境承载力驱动力指数趋势

如图 5-10 所示，2010~2018 年，Z 县水环境承载力压力指数整体上呈上升趋势，压力指数从 0.506 提高到 0.876，增幅达 73.1%，在 2011 年有小幅下降，各项指标的评价值逐年升高，2016 年后压力指数一直处于未超载状态，表明随着社会、经济以及技术的发展，Z 县各企业控制了工业废水的排放，农业方面降低了化肥的施用量，同时提高了用水效率。

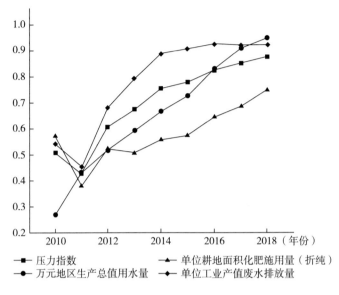

图例：
■ 压力指数　　　　　　　　▲ 单位耕地面积化肥施用量（折纯）
● 万元地区生产总值用水量　◆ 单位工业产值废水排放量

图 5-10　Z 县水环境承载力压力指数趋势

如图 5-11 所示，2010~2018 年，Z 县水环境承载力状态指数呈波动状态，维持在 0.6 左右，处于临界超载状态，评价值最高为 2013 年的 0.651，最低为 2012 年的 0.386，总体水平偏低；其中 2015 年和 2018 年的区域出境断面水质达标率（S_0）得分为 0，直接导致这两年的水环境承载力处于超载状态；从状态指数的评价值可以发现，使其总体水平偏低的原因是区域内岸带植物覆盖率（S_2）和水生植物覆盖率（S_3）普遍较低，造成状态指数变化的关键指标是水资源开发利用率（S_1），该评估指标呈波动变化，研究发现该指标主要受当地降雨量的影响。

如图 5-12 所示，2010~2018 年，Z 县水环境承载力响应指数稳步上升，综合评价值从 2010 年的 0.592 增长到 2018 年的 0.805，增幅达 35.98%。生态环境建设投资占地区生产总值比率（R_1）随年份的变化波动比较大；环境监管能力（万人环保专职人员数）（R_2）逐年提高；工业废水循环利用率（R_3）和城乡生活污水处理达标率（R_4）维持在很高水平，为响应指数的提升奠定了坚实的基础；刷卡排污普及率（R_4）有所上升，但总体评价值偏低，阻碍了响应指数的提升。

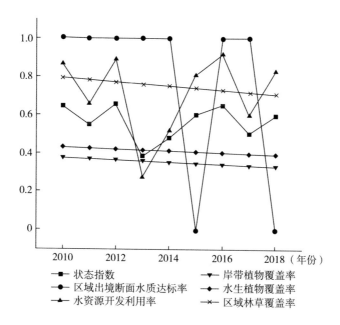

图 5-11 Z县水环境承载力状态指数趋势

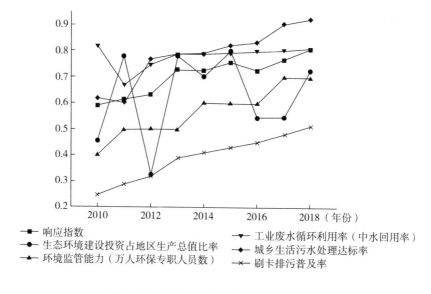

图 5-12 Z县水环境承载力响应指数趋势

如图 5-13 所示，Z 县水环境承载力效益指数在 2015 年有小幅回落，其他年份总体均呈上升趋势，综合评价值从 2010 年的 0.454 增加到 2018 年的 0.950，增幅高达 109.25%；吨水工业产出税收（E_1）在 2015 年达到最高值后有所回落，单位排污权产出税收（E_2）逐年增长，单位工业废水治理成本（E_3）一直处于比较高的水平，单位生活污水治理成本（E_4）在 2014 年最低，之后呈现出增长趋势。效益指数的增长主要得益于 Z 县各企业生产技术的改进，提高了对水资源的利用，改进废水污水处理工艺，降低了运转成本，提高了经济效益。

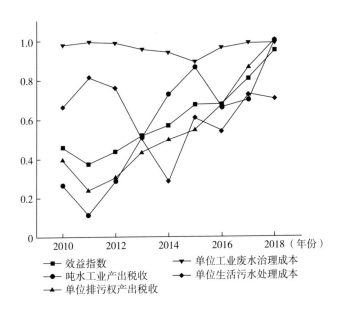

图 5-13　Z 县水环境承载力效益指数趋势

综上分析，2010~2018 年，Z 县水环境承载力总体上呈波动上升趋势，综合评价值由 2010 年的 0.573 增加到 2017 年的 0.701，增幅为 22.34%；2015 年和 2018 年 Z 县水环境承载力处于超载状态，主要原因是出境断面水质达标率未达到 100%；各指数均有不同程度的上升或下降趋势，驱动力指数从 0.606 提高到 0.880，增幅为 0.274；压力指数从 0.506 增长至

0.876，总体增幅高达 0.370；状态指数从 0.645 降到 0.599，降幅为 0.064；响应指数从 0.592 提升到 0.805，增幅达 0.213；效益指数从 0.454 增至 0.950，增幅高达 0.496。由此可知，Z 县随着城镇化和工业化的推进，社会经济高速发展，水环境承载力驱动力指数、压力指数、响应指数和效益指数明显提升，这是水环境承载能力的关键。但由于城市的发展导致了用水量的增加，且污染物产生量的增多、水生态环境的破坏，使得水环境承载力状态指数有一定程度的下降。

（六）各分区不同水期水环境承载力分析

为了实现水环境的精细化管理，本节开展 2018 年不同水期各分区水环境承载力评估。各水期水环境承载力评估结果如下：

1. 丰水期

2018 年，丰水期 Z 县各水生态功能分区中，分区 1、分区 2、分区 3、分区 5 和分区 7 均处于未超载状态，分区 4 和分区 6 处于临界超载状态，分区 4 临界超载主要原因是压力指数和效益指数评分低，其中万元地区生产总值用水量（P_1）和单位排污权产出税收（E_2）两项指标值偏低；分区 6 临界超载主要原因是状态指数和效益指数评分低，其中水资源开发利用率（S_1）和单位排污权产出税收（E_2）两项指标值偏低。2018 年丰水期 Z 县各水生态功能分区水环境承载力评估结果如图 5-14 所示。

2. 平水期

2018 年，平水期 Z 县各水生态功能分区中，分区 1、分区 2、分区 3、分区 5 和分区 7 均处于未超载状态，分区 4 和分区 6 处于临界超载状态，分区 4 临界超载主要原因是状态指数和效益指数评分低，其中区域林草覆盖率（S_2）和单位排污权产出税收（E_2）两项指标值偏低；分区 6 临界超载主要原因是状态指数和效益指数评分低，其中水资源开发利用率（S_1）和单位排污权产出税收（E_2）两项指标值偏低。2018 年平水期 Z 县各水生态功能分区水环境承载力评估结果如图 5-15 所示。

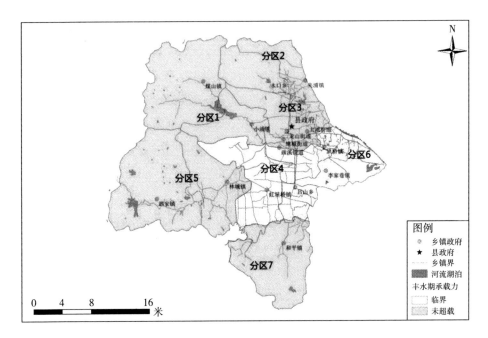

图 5-14 2018 年丰水期 Z 县各功能分区水环境承载力评估结果

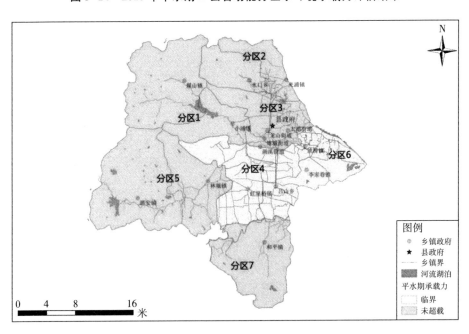

图 5-15 2018 年平水期 Z 县各功能分区水环境承载力评估结果

3. 枯水期

2018 年，枯水期 Z 县各水生态功能分区中，分区 1、分区 2、分区 5
和分区 7 均处于未超载状态，分区 3 和分区 6 处于超载状态，由于其出境
断面水质达标率未达到 100%，直接判断为水环境承载力超载，分区 4 处
于临界超载状态，主要原因是状态指数和效益指数较低，其中区域林草覆
盖率（S_2）和单位排污权产出税收（E_2）两项指标值偏低。2018 年枯水
期 Z 县各水生态功能分区水环境承载力评估结果如图 5-16 所示。

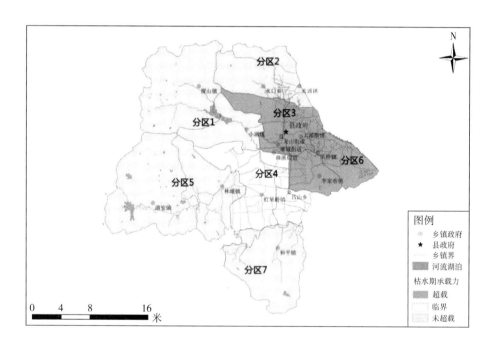

图 5-16　2018 年枯水期 Z 县各功能分区水环境承载力评估结果

　　总体上，各分区枯水期水环境承载状态相对较差，其中分区 1、分区
2、分区 5 和分区 7 在不同水期的水环境承载力状态变化不显著，分区 3、
分区 6 在各水期的水环境承载力状态变化较为明显，枯水期呈超载状态，
因为出境断面水质达标率未达到 100%，其主要是受水量（水资源开发利
用率）、季节性施肥［单位耕地面积化肥施用量（折纯）］等因素影响。

（七）水环境承载力提升的对策措施

基于对 Z 县水环境承载力分别在时间和空间上进行了评估分析，根据评估结果，归纳总结出制约 Z 县水环境承载力的主要因素，综合考虑 Z 县的实际情况，为 Z 县水环境承载力的改善提出以下建议和对策。

1. 点面源污染物排放总量协同控制

由于各污染源排放强度和利用环境自然降解的能力不同，独立对各污染源排放进行治理而忽视各污染源之间的相互关系和各污染源与自然环境之间的互动关系，不利于区域水环境质量改善。特别是在区域水环境容量超载的情况下，单纯依靠工业点源减排已无法满足区域水质要求，并且会对区域经济社会发展产生不利影响。因此，以各污染源之间效用转移为基础，协同各污染源减排挖潜将有利于区域水质目标的达成和促进区域经济社会发展。在水污染治理中，应从工业点源、农业面源、城镇生活源和农村生活源等方面积极探索研发各种水污染控制和治理技术。

2. 排污权初始分配优化

环境管制者在制定排污权初始分配规则时，应考虑不同区域控制单元经济社会发展程度、水环境质量等存在差异，排污权初始分配应与区域控制单元水体环境质量改善需求相结合。在分配中应注重效率和公平问题，排污权初始分配的目的是保证环境资源要素使用向边际贡献最大的企业倾斜，保障区域控制单元经济效益最大化。同时，各个企业在排污权分配上应具有平等的权利，分配的结果应有助于激发各个企业减污降耗提质的动力。综合考虑企业发展水平、生产技术条件、污染治理水平和未来发展规划等因素。按照行业→企业的分配思路。在排污权行业分配上应考虑区域控制单元发展优势、产业结构、产业布局和政策导向等因素。在排污权企业分配上，应考虑企业排污现状、利税贡献和劳动就业等因素。

3. 总量核定与监管体系构建

摸清区域控制单元行业排放绩效、环境检测数据、排污主体工程工况、原辅材料消耗、污染治理设施处理效率，计算确定排污单位污染物排放量，建立污染源动态监管平台，为排污总量核定提供基础数据与依据。

运用现代信息技术手段探索建立生产、治理、排放全过程联动核查体系防止总量控制管理失灵，强化排污主体单位责任。发挥刷卡排污对企业排污的监控和预警作用，运用现代远程实时监控智能手段倒逼排污主体守法排污。

第六章
基于水环境承载力的排污权
分配政策仿真与模拟

　　承接第五章的分析，水环境承载力是水环境质量管理的重要依据，基于水环境承载力，推进总量控制由目标总量控制向以水环境承载力为核心的总量控制转型，是我国水环境质量管理发展的趋势。排污权初始分配是命令型环境规制工具和市场型环境规制工具相衔接的纽带，允许排污总量是排污权初始分配的基础，同时，总量控制管理是我国主要的环境管理措施之一。一直以来，由于没有建立污染物排放与环境承载力之间的响应关系，既不能有效地控制污染物排放，也没有很好地解决排污权初始分配问题。因此，应当通过水环境承载力分析和区域污染源强排放情况确定污染物排放允许量。同时，随着固定源排污权制度的实施，基于水质的排放标准将日趋严格，工业源边际减排成本将越来越高，减排挖潜空间日趋缩小。在区域污染物允许排放总量小于各污染源强排放量之和时，仅考虑工业源的减排将不利于工业生产发展，应综合考虑工业源、农业源、生活源和水生态等的协同减排。本章从政府、经济、农业、居民和水生态等系统要素出发，构建基于水环境承载力的排污权初始分配系统概念模型，应用系统动力学方法以 2012~2030 年为系统仿真区间对 Z 县进行模拟仿真，并基于"控污、治污、扩容"三个分析视角提出适当政策干预点，设计基于排污权初始分配的绿色生产和生态文明建设协调发展的综合方案。

第一节　基于水环境承载力的排污权分配系统动力学模型构建

一、水环境承载力系统概念模型构建

水环境承载力是在一定时间和区域范围内，在一定生活水平和环境质量要求下，在不超出生态系统弹性限度条件下的水生态系统所能承载的污染物数量占水体总量的最大溶度，以及所能支持的经济规模和有一定生活质量的人口规模。水环境承载力系统是由人口、经济、水环境以及主观调控四个子系统构成的复合水环境系统。四个子系统中人口和经济是驱动区域水环境承载力系统发展的"发动机"，水环境反映了区域水环境承载力系统发展变化的潜力，而主观调控通过提升经济技术与建设生态调控有关参数，在系统发展中起着调节的功能，污染物（包括 COD、TN、TP、NH_3-N 4 种）作为水环境承载力系统的物质流贯穿整个系统之中。具体表现为：人类的各种行为会产生大量污染物，大量的污染物排放到水环境中，对水环境承载力系统造成破坏，一旦水环境污染超过了水体承受的界限，水环境就会产生严重的破坏，无法保障人类的生活资料和生产资料，制约人类的生存活动和经济生产，而主观调控子系统可以通过改善水生态、景观生态、岸边带等因素调节水环境，突破区域经济发展的瓶颈，实现社会经济与生态环境共同发展。通过以上分析，提出了水环境承载力系统的概念模型（见图 6-1），概念模型为排污权分配主导结构模型提供了清晰的逻辑框架，为排污权分配 SD 模型提供了理论依据。

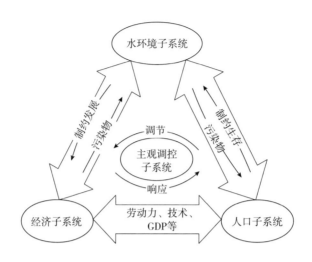

图 6-1 水环境承载力系统概念模型

二、排污权分配系统主导结构模型构建

污染物（包括 COD、TN、TP、NH₃-N 4 种）作为各个子系统相互连接的纽带，承担联系着各个子系统的作用。人类一切活动排放的污染物主要有点源污染排放以及非点源污染排放两个。点源污染排放来源主要有城镇居民污染源、工矿企业污染源和畜禽规模养殖污染源；非点源污染排放来源主要是由于农业化肥、农药施放等造成的污染，但对水体健康产生影响的是最终进入水生态系统中未被水体削减的污水，它是由污水的产生和削减过程综合而成。污水的削减主要分为自然削减和在人工干预下的削减。人工干预下的削减一方面是基于技术进步与社会经济结构调整的污染物排放的减少，另一方面是加大污染物的处理力度。自然削减包括三个方面：一是景观生态的改善；二是岸边带的改善；三是水生态的改善。城镇居民、工业、农业排放的污染物和排放过程中削减的污染物构成了水环境承载力系统主要物质流。将水环境承载力系统概念模型转化为排污权分配系统主导结构模型（见图 6-2），基本思路是在现有情况不变下模拟排污权分配，测算行业通过得到分配的排污权所能达到的经济发展上限，并将

实际的经济与模拟的经济进行比较分析。在此基础上考虑行业自身的排污行为变化和政府对行业、污水处理厂、农业、水生态、景观生态、岸边带等进行投资，通过对参数调整模拟基于排污权分配的经济与生态的发展，讨论当生态、水环境改善时对经济发展的影响以及经济发展的提升对水环境的影响，研究经济与生态协调发展的问题。

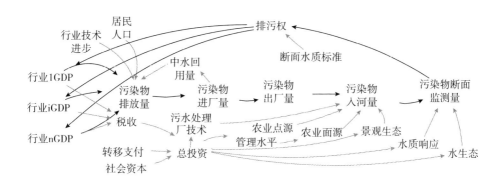

图 6-2　排污权分配系统主导结构模型

三、排污权分配系统动力学模型构建

(一) 系统边界确定

对水环境承载力系统的人口子系统、经济子系统、水环境子系统、主观调控子系统和与其相关的环境变量进行分析，从而确定系统边界（见表 6-1）。

表 6-1　基于水环境承载力的排污权分配系统边界

子系统	类型	变量
人口子系统	外生变量	居民人口
经济子系统	内生变量	税收、行业 GDP、农业 GDP
	外生变量	税收变化量、行业 GDP 变化量、农业 GDP 变化量、单位 GDP 税收变化量

子系统	类型	变量
水环境子系统	内生变量	污水处理厂 COD 总排放量、污水处理厂 TN 总排放量、污水处理厂 TP 总排放量、污水处理厂 NH$_3$-N 总排放量、污水处理厂 COD 入河量、污水处理厂 TN 入河量、污水处理厂 TP 入河量、污水处理厂 NH$_3$-N 入河量、农田径流 COD 排放量、农田径流 TN 排放量、农田径流 TP 排放量、农田径流 NH$_3$-N 排放量、畜禽养殖 COD 入河量、畜禽养殖 TN 入河量、畜禽养殖 TP 入河量、畜禽养殖 NH$_3$-N 入河量、农业 COD 入河量、农业 TN 入河量、农业 TP 入河量、农业 NH$_3$-N 入河量、COD 断面监测量、TN 断面监测量、TP 断面监测量、NH$_3$-N 断面监测量
	外生变量	岸边带因子、生态景观因子、水质响应系数、水资源量、水环境 COD 标准、水环境 TN 标准、水环境 TP 标准、水环境 NH$_3$-N 标准、COD 剩余排污权、TN 剩余排污权、TP 剩余排污权、NH$_3$-N 剩余排污权
主观调控子系统	外生变量	排污权行业比重、投资系数、技术成本、管理水平、中水回用量
环境变量	污染物排放	行业单位 GDP 排放量、工业污水排放量、城镇居民污水排放系数、城镇污水排放量、城镇生活污水处理率、污水进厂量、污水出厂量、出厂 COD 浓度、出厂 TN 浓度、出厂 TP 浓度、出厂 NH$_3$-N 浓度、污水处理厂 COD 入河系数、污水处理厂 TN 入河系数、污水处理厂 TP 入河系数、污水处理厂 NH$_3$-N 入河系数、耕地面积、单位耕地面积 COD 排放量、单位耕地面积 TN 排放量、单位耕地面积 TP 排放量、单位耕地面积 NH$_3$-N 排放量、畜禽养殖存栏量、畜禽养殖 COD 排放系数、畜禽养殖 TN 排放系数、畜禽养殖 TP 排放系数、畜禽养殖 NH$_3$-N 排放系数

（二）流位、流率变量确定

基于水环境承载力的排污权分配，是在保护和改善环境的前提下实现经济的最大化发展，所以主要考虑 GDP 和税收作为系统的主要积累变量，本章用表 6-2 的变量确定为系统流位变量。

表 6-2　流位变量及其对应的流率变量

流位变量	变量说明	对应的流率变量
行业 GDP（COD）（万元）	监测断面 COD 浓度达到水环境承载力标准下行业 1 所能达到的 GDP 上限	行业 1 GDP（COD）变化量（万元·a-1）

流位变量	变量说明	对应的流率变量
税收 1（万元）	监测断面 COD 浓度达到水环境承载力标准下所能达到的税收上限	税收 1 变化量（万元·a-1）
行业 1 GDP（TN）（万元）	监测断面 TN 浓度达到水环境承载力标准下行业 1 所能达到的 GDP 上限	行业 1 GDP（TN）变化量（万元·a-1）
行业 2 GDP（TN）（万元）	监测断面 TN 浓度达到水环境承载力标准下行业 2 所能达到的 GDP 上限	行业 2 GDP（TN）变化量（万元·a-1）
税收 2（万元）	监测断面 TN 浓度达到水环境承载力标准下所能达到的税收上限	税收 2 变化量（万元·a-1）
行业 1 GDP（TP）（万元）	监测断面 TP 浓度达到水环境承载力标准下行业 1 所能达到的 GDP 上限	行业 1 GDP（TP）变化量（万元·a-1）
行业 2 GDP（TP）（万元）	监测断面 TP 浓度达到水环境承载力标准下行业 2 所能达到的 GDP 上限	行业 2 GDP（TP）变化量（万元·a-1）
税收 3（万元）	监测断面 TP 浓度达到水环境承载力标准下所能达到的税收上限	税收 3 变化量（万元·a-1）
行业 1 GDP（NH_3-N）（万元）	监测断面 NH_3-N 浓度达到水环境承载力标准下行业 1 所能达到的 GDP 上限	行业 1 GDP（NH_3-N）变化量（万元·a-1）
行业 2 GDP（NH_3-N）（万元）	监测断面 NH_3-N 浓度达到水环境承载力标准下行业 2 所能达到的 GDP 上限	行业 2 GDP（NH_3-N）变化量（万元·a-1）
税收 4（万元）	监测断面 NH_3-N 浓度达到水环境承载力标准下所能达到的税收上限	税收 4 变化量（万元·a-1）

（三）系统动力学结构模型

综合概念模型、主导结构模型、系统边界以及流位、流率变量，建立基于水环境承载力的排污权分配系统动力学结构模型，如图 6-3 所示。

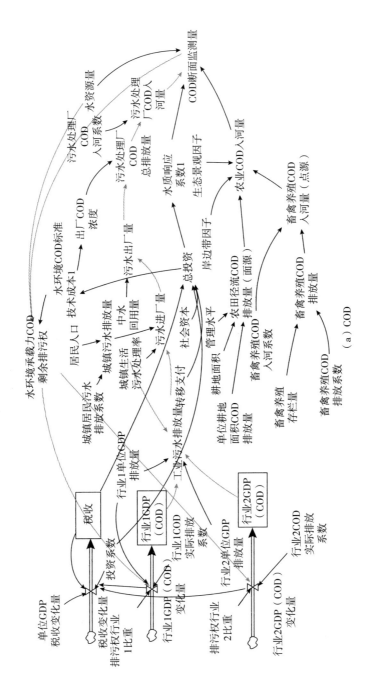

图 6-3　基于水环境承载力的排污权分配 SD 模型（包含 4 种污染物）

（a）COD

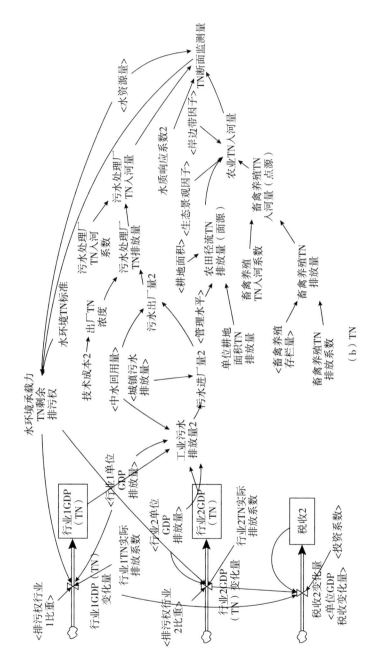

图 6-3　基于水环境承载力的排污权分配 SD 模型（包含 4 种污染物）（续图）

（b）TN

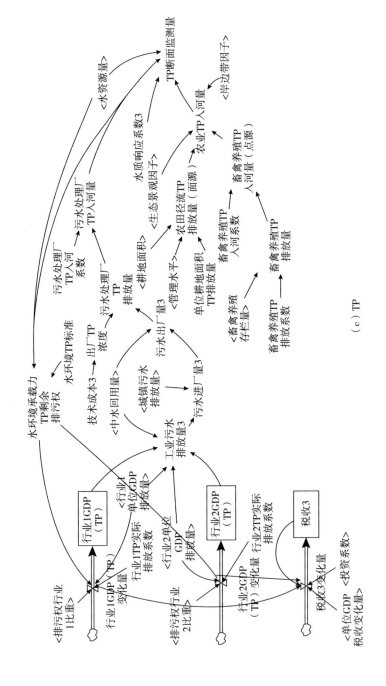

（c）TP

图 6-3　基于水环境承载力的排污权分配 SD 模型（包含 4 种污染物）（续图）

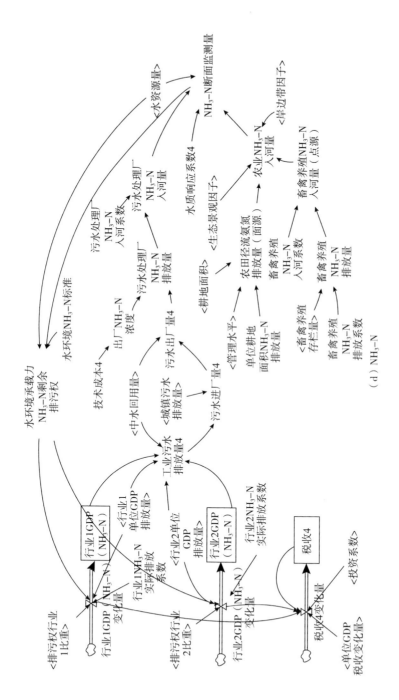

图 6-3　基于水环境承载力的排污权分配 SD 模型（包含 4 种污染物）（续图）

179

（四）方程与环境参数

本章所构建的系统动力学模型由包含 12 个流位变量、12 个流率变量在内的 128 个变量构成。由于篇幅有限，本章仅列出主要环境变量说明（见表 6-3）和重要变量方程（见表 6-4）。

表 6-3　排污权分配系统 SD 模型主要变量

变量	变量说明
城镇居民污水排放系数	每人每年排放量（L）
投资系数	由国家财政支出环境保护投资比例计算
行业 1 单位 GDP 排放量	工业单位 GDP 排放量（L/万元）
单位耕地面积 TN 排放量	通过标准农田强源系数调整计算〔千克/（亩·年）〕
畜禽养殖 TN 排放系数	全国第一次污染源普查〔毫克/（头·年）〕
岸边带因子	(1-削减系数) 一般而言，50 米岸边带削减系数为 0.8，30 米为 0.6，经调查可知 Z 县岸边带为 10~30 米，削减系数为 0.4
水质响应系数（TN）	污染物衰减系数参考文献（冯帅等，2017；曹敏，2016），通过一维水质模型计算平均值
行业排污权分配比重	行业分配的比重通过考虑当前排污量、GDP、税收、技术水平、产业导向等因素综合确定，通过咨询当地有关部门专家，确定为 0.5

表 6-4　排污权分配系统 SD 模型重要变量方程（以 TN 污染物为例）

变量	方程
行业 GDP（TN）变化量	水环境承载力 TN 剩余排污权×排污权行业 1 比重/行业 1TN 实际排放系数/行业 1 单位 GDP 排放量
税收变化量	单位 GDP 税收变化量×〔行业 1GDP（TN）变化量+行业 2GDP（TN）变化量〕-税收×投资系数
工业污水排放量	行业 1GDP（TN）×行业 1 单位 GDP 排放量+行业 2GDP（TN）×行业 2 单位 GDP 排放量-中水回用量
污水进厂量	城镇污水排放量×城镇生活污水处理率+工业污水排放量

变量	方程
农田径流 TN 排放量	单位耕地面积 TN 排放量×耕地面积×管理水平
农业 TN 入河量	农田径流 TN 排放量×岸边带因子×生态景观因子+畜禽养殖 TN 入河量
TN 断面监测量	（农业 TN 入河量+污水处理厂 TN 入河量）/水资源量×水质响应系数 2
水环境承载力 TN 剩余排污权	（水环境 TN 标准−TN 断面监测量）×水资源量

第二节　排污权分配系统动力学模型仿真及政策设计

第三章对 Z 县水环境承载力进行了评估，本节在第三章研究的基础上，进一步以 Z 县为仿真对象，验证所构建排污权分配系统动力学模型的适用性，并根据仿真结果进行政策设计。

一、系统动力学模型检验

采用历史检验法对模型进行定量检验，以 Z 县 2012～2016 年实际 GDP 为历史变量，通过模型运行预测 4 种污染物的断面监测量，并把预测的 4 种污染物的断面监测量与实际进行比较（见表 6-5），COD 断面监测量历史值与模拟值的拟合程度为 72%，TN 的拟合程度为 91.1%，TP 的拟合程度为 89.8%看，NH_3-N 的拟合程度为 89.7%。可以看出模型对历史数据模拟效果较好，建立的模型具有有效性。

表6-5　模型检验测试

污染物	预测的断面监测量（毫克/升）	实际的断面监测量（毫克/升）	拟合程度（%）
COD	7.885	10.950	72.0
TN	1.201	1.318	91.1
TP	0.115	0.128	89.8
NH_3-N	0.632	0.567	89.7

二、系统动力学模型仿真

以2012~2016年湖州市Z县城镇居民人口、行业1和行业2 GDP、耕地面积、畜禽养殖存栏量、生态状况作为历史数据进行仿真模拟，以2012年Z县纺织行业（行业1）和电气机械和器材制造业（行业2）的GDP作为初始条件，在不改变其他结构和外在环境情况下对系统进行排污权静态分配仿真。系统仿真结果表明，在现有情况不变下，行业1实际的GDP（2012~2016年）（见图6-4：线5）已经超过了监测断面COD浓度（图6-4：线1）、TN浓度（见图6-4：线2）以及NH_3-N浓度（见图6-4：线4）达到水环境承载标准下行业1分别所能达到的GDP上限，说明对于

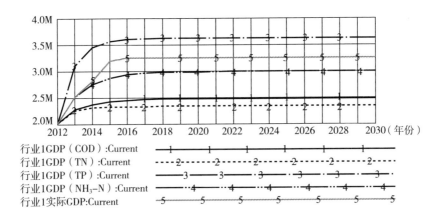

图6-4　行业1的实际GDP与达到4种污染物标准的GDP发展规模（单位：万元）

行业 1 来说，污染物 COD、TN 和 NH_3-N 已经超出了排放标准。行业 2 实际的 GDP（2012~2016 年）（见图 6-5：线 5）已经超出了监测断面 TN 浓度（见图 6-5：线 2）达到水环境承载力标准下行业 2 所能达到的 GDP 上限，虽然暂时还没超出监测断面 COD 浓度（见图 6-5：线 1）达到水环境承载力标准下行业 2 所能达到的 GDP 上限，但是已经十分接近了，对于行业 2 来说，污染物 COD 和 TN 的情况也不容乐观。因此需要采取一定的调控措施，达到水环境标准的目标。

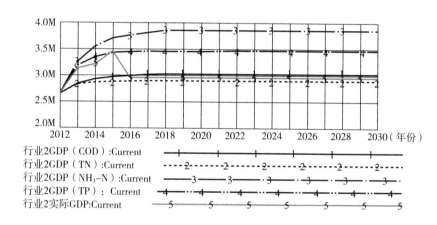

图 6-5 行业 2 的实际 GDP 与达到 4 种污染物标准的 GDP 发展规模（单位：万元）

三、政策设计

基于水环境承载力的排污权分配，是在保护以及改善环境的前提下，实现水环境合理开发利用以及经济发展，顺应绿色可持续发展理念。针对 Z 县的水生态、水环境、经济等情况，调控范围可以归结为控污、治污以及扩容三个方面：一是控污——减少污染物的排放；二是治污——增强治理污染物的技术；三是扩容——通过改善生态、水环境等提升对污染物的容纳量。因此针对以上三个方面选取政策干预点。接下来基于控污、治污、扩容三个不同的视角讨论行业排污行为发生变化及政府行为改变对行业、污水处理厂、生态系统等产生影响时，基于排污权分配的经济与生态协调发展问题，并将控污、治污、扩容归于 3 种模式。模式一：行业控污模式；控污方面通过减少行业的产值减少污染物的排放。模式二：技术水平改善模式；治污方面通过提升污染物削减技术水平增加污染物的排放，提升经济发展。模式三：生态改善模式；扩容方面通过改善生态、水环境等提升污染物排放的容量，提升经济的发展。基于以上 3 种模式，分别对各个模式中具体的影响因素进行分析，从中选定政策干预点（见表 6-6）。

表 6-6 政策干预点及政策模式

政策干预点	政策模式
行业 1GDP（COD）、行业 1GDP（TN）、行业 1GDP（TP）、行业 1GDP（NH_3-N）、行业 2GDP（COD）、行业 2GDP（TN）、行业 2GDP（TP）、行业 2GDP（NH_3-N）	模式一：行业控污模式
行业 1COD 实际排放系数、行业 1TN 实际排放系数、行业 1TP 实际排放系数、行业 1NH_3-N 实际排放系数、行业 2COD 实际排放系数、行业 2TN 实际排放系数、行业 2TP 实际排放系数、行业 2NH_3-N 实际排放系数、技术成本 1、技术成本 2、技术成本 3、技术成本 4、管理水平	模式二：技术水平改善模式
岸边带因子、生态景观因子、水质响应系数 1、水质响应系数 2、水质响应系数 3、水质响应系数 4	模式三：生态改善模式

参数调整是 SD 模型中最常见、最有效并且也是最简单的政策措施，参数调整的关键是政策参数的选取和参数调整区间的确定。基于上文选定的政策干预点以及基于控污、治污、扩容三个方面设计的 3 种模式，进一步提出在达到水环境承载力标准的前提下依靠行业自身的排污行为变化（方案一）和政府对行业（方案二和方案三）、污水处理厂（方案四）、农业（方案五）、岸边带（方案六）、水生态（方案七）、景观生态（方案八）等进行投资的政策实施方案，政策方案及选区的参数和仿真测试结果如表 6-7 所示（监测断面 4 种污染物浓度达到水环境承载力标准下行业所能达到的最小 GDP 上限为行业达到的 GDP，其污染物标示在表中）。

表6-7　政策方案及仿真测试结果

方案	选取参数	初始值	变化值	行业1达到的GDP（亿元）	行业2达到的GDP（亿元）	税收（亿元）
实际的GDP及税收				275.38	309.80	11.63
方案一　行业生产量的减少	行业GDP	585.18亿元	521.9亿元	232.2（TN）	289.7（TN）	9.33
方案二　行业1排放技术的改进	行业1实际排放系数	4种污染物实际排放系数	实排×0.9	233.7（TN）	288.3（TN）	9.33
方案三　行业2排放标准技术的改进	行业2实际排放系数	4种污染物实际排放系数	实排×0.9	231.0（TN）	291.0（TN）	9.33
方案四　污水处理厂排放浓度技术的改进	出厂污染物浓度	一级a排放标准	准四类排放标准	261.0（TN）	311.2（TN）	9.79
方案五　管理水平的提升	管理水平	0.5	0.5×0.5	242.1（TN）	296.9（TN）	9.32
方案六　岸边带的改善	岸边带因子	0.6	0.4	238.8（TN）	294.5（TN）	9.22
方案七　水生态的改善	水质响应系数	0.9	0.9×0.8	265.9（TN）	314.8（TN）	9.91
方案八　景观生态的改善	生态景观因子	0.8	0.8×0.8	236.2（TN）	292.6（TN）	9.13

通过对各方案的仿真结果分析发现：

方案一：由排污权静态分配仿真结果可知，目前污染物浓度超标，通过减少行业的产值减少污染物的排放，实现达到水环境承载力标准的目的，但此方案牺牲了行业1的43.18亿元GDP和行业2的20.1亿元GDP，虽说保护了环境，但并未实现打破经济的发展瓶颈，提升经济发展上限，方案效果不好。

方案二：通过提升行业1的污水排放技术，实现经济的增长，经实地调研及咨询当地有关部门与专家，得出当地行业排放技术提升10%是最合适的参数调整范围，因此将行业1实际排放系数调整为原来的90%，结果表明行业1经济增长了0.66%，而行业2经济减少了0.48%，方案效果不明显。

方案三：通过提升行业2的污水排放技术，实现经济的增长（参数调整范围说明见方案二），结果表明，行业2经济增长0.45%，而行业1经济减少0.52%，方案三与方案二结果表明了行业提升排放技术具有竞争力，即提升排放技术的行业能够获得经济的增长，其余没有提升排放技术的行业经济产值会减少。

方案四：污水处理厂作为污染物处理最关键的一环，其污水处理技术十分关键，Z县几乎所有的企业都纳管，因此提升污水处理厂的排放技术是重中之重。Z县目前的污水处理厂的处理标准为一级a标准，而根据《关于实施浙江省城镇污水处理厂清洁排放执行标准的指导意见》要求，浙江省污水处理厂达到准四类标准的规定，将污染物出水浓度参数从一级a调整到准四类。结果表明行业1产值提升了12.40%，行业2产值提升了7.42%，方案效果尤为明显。

方案五：管理水平对于农业排污十分重要，由于Z县实施了测土培肥、虫害预警、统一施肥标准与施肥时间等，咨询当地有关部门与专家初定管理水平的初始值为0.5。并且Z当地正在实施一个《农业面源污染综合治理试点项目》，项目预期能够减少45%污染物的排放量以及20%的农药、化肥施用量，因此将管理水平参数调整为原来的50%。结果表明行业1产值提升4.26%，行业2产值提升2.38%，方案效果较为明显。

方案六：Z县目前的岸边带大部分为10米左右，当地正在拓宽岸边带，设置松木桩等一系列建设岸边带活动，经咨询有关部门人员，岸边带削减系数预期能从40%增至60%，因此岸边带参数由0.6调整为0.4，结果表明行业1产值提升2.84%，行业2产值提升1.66%，方案仿真结果略差于方案五。

方案七：污染物从入河口排放到断面，水生态的情况毋庸置疑是十分重要的。Z县由于大部分河道都是航道，因此水生植物几乎没有，污染物的浓度仅依靠稀释作用，而当地正在通过种植水生物改善水生态，因此水质响应系数参数调整为原来的80%，仿真结果表明行业1产值提升14.51%，行业2产值提升8.66%，方案效果提升最为显著。

　　方案八：生态景观作为降低农田径流污染物的最关键一环，生态景观建设的重要性不容忽视，因此生态景观因子参数调整与水生态一样设置为原来的80%，仿真结果表明行业1产值提升1.72%，行业2产值提升1.00%，方案提升效果一般。

　　但Z县目前的产值已经超出了任何单一的方案，说明目前的污染物浓度超出了当地水环境承载力的标准，仅仅依靠单一方案的实施是无法实现达到水环境标准的目标，因此基于3种模式设计方案的组合，由于模式一控污方面效果不明显，无法提升污染物容纳量，仅考虑模式二（技术水平改善模式）与模式三（生态改善模式），模式二改变的参数为方案二、方案三、方案四和方案五改变的所有参数，模式三改变的参数为方案六、方案七、方案八改变的所有参数（见表6-8）。

表6-8　方案组合及仿真结果　　　　　单位：亿元

模式	组合方案	行业1达到的GDP	行业2达到的GDP	税收
模式二	方案二、方案三、方案四、方案五	273.1（TN）	320.3（TN）	10.24
模式三	方案六、方案七、方案八	241.4（TN）	296.5（TN）	9.64
模式二+模式三	方案二至方案八	278.8（TN）	324.5（TN）	10.42

　　仿真结果表明，模式二的组合方案相比于模式三的组合方案，提升行业1和行业2的经济产值规模更加明显，说明在Z县仅考虑行业1与行业2的情况下，技术水平的提升优于生态的改善，但是行业1的实际产值依然超出了其能够达到的经济产值规模，说明行业1的污染物排放超标了，超出分配给行业1的排污权。因此将方案二到方案八总共7个方案组合在一起，成为综合方案（方案二至方案八的所有参数同时调整），综合方案仿真结果表明，行业1所能达到的产值较初始模型提升了20.07%，行业2提升了12.01%，并且超出了Z县当前的产值，即同时改善了生态和水环境，突破了Z县基于水环境承载力的经济发展瓶颈，提升了经济发展的上限，实现了经济和生态的协调发展。仿真结果同时表明，对于Z县来说，限制经济发展的污染物为TN，所以，Z县最重要的是如何削减TN的排放

以及降低 TN 的浓度。

第三节　典型分区排污权分配系统仿真与调控

当前，随着经济的加速发展以及新型城镇化建设的加快，随之而来的工业点源、城镇居民点源以及农业面源等污染导致的水环境污染问题日益加剧，如何针对性地根据不同辖区污染情况因地制宜地制定调控方案显得尤为重要。通过对 Z 县进行实地调研、对基本情况数据进行处理分析、对排污权分配系统整体性科学性的分析等，为达到水质环境改善、水环境承载力提高以及区域高质量发展等的目标，实现综合治理能力现代化，设计排污权分配系统调控方案概念（见图6-6）。

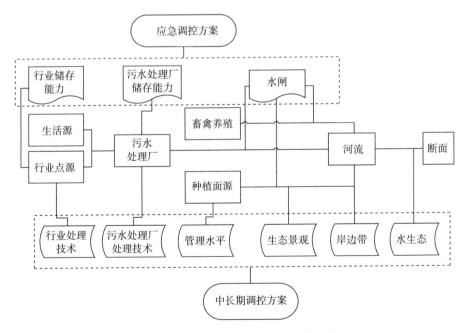

图6-6　排污权分配系统调控方案概念

一、Z县三个典型分区的基本情况分析

针对工业点源、居民点源、农业面源3种不同污染源，选取Z县具有3种污染源的典型分区即分区2、分区3、分区7。分区2主要污染源为居民点源，分区3主要污染源为工业点源，分区7主要污染源为农业等面源。分区2由2个乡镇组成，2018年，该区共有人口47796人，工矿企业以化纤织物染整精加工行业为主，工业总产值188480.92万元，工业废水排放量3356617.66吨；农业作物种植以水果、水稻和蔬菜为主。分区3由2个街道组成，2018年，该区共有人口129821人，工矿企业以化纤织物染整精加工行业为主，工业总产值73726.4万元，工业废水排放量709647.21吨；农业作物种植以小麦、水稻和蔬菜为主。分区7由1个镇组成，2018年，该区共有人口88704人，工矿企业以铅蓄电池制造行业为主，废水排放量240671.01吨；农业作物种植以茶叶、水稻和蔬菜为主。

二、分区2排污权分配系统动力学模型仿真与调控

以2018年Z县分区2居民人口、化纤织物染整精加工行业产值（该区域只有此1个行业）、耕地面积、畜禽养殖存栏量、生态状况作为历史数据进行仿真模拟，以2018年Z县化纤织物染整精加工行业的产值作为初始条件，在不改变其他结构和外在环境情况下，构建出分区2的排污权COD分配调控SD模型（见图6-7）以及排污权NH_3-N分配调控SD模型（见图6-8），并对模型进行排污权分配仿真。系统仿真结果表明，在现有情况不变下，分区2断面COD（见图6-9）和NH_3-N（见图6-10）的浓度都超标，说明对于分区2来说，COD和NH_3-N排放的量超出了分区2所能容纳的量，并且模型仿真结果显示，要分别使分区2COD和NH_3-N污染物达标，化纤织物染整精加工行业的产值要分别减少41380万元和148880万元（见图6-11）。因此，需要采取一定的调控措施，实现达到水环境标准的目标。

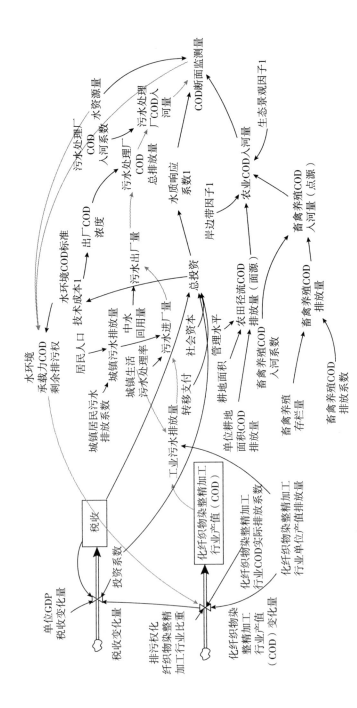

图 6-7 分区 2 排污权 COD 分配调控 SD 模型

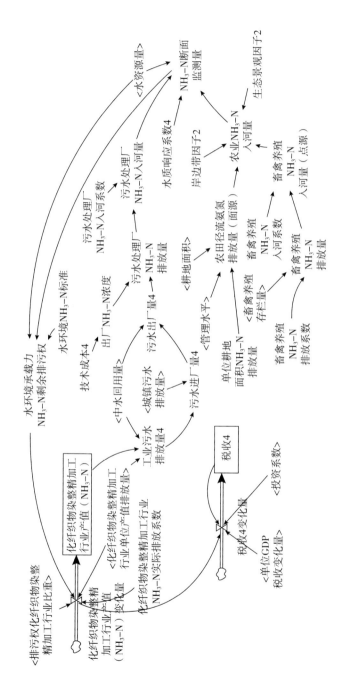

图 6-8 分区 2 排污权 NH₃-N 分配调控 SD 模型

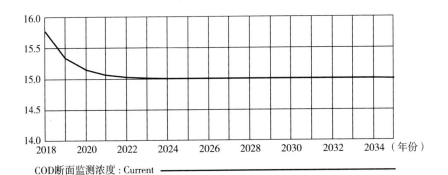

COD断面监测浓度：Current ——————————

图 6-9 分区 2 COD 断面监测浓度

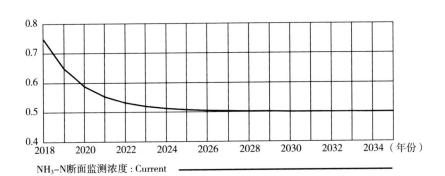

NH$_3$-N断面监测浓度：Current ——————————

图 6-10 分区 2 NH$_3$-N 断面监测浓度

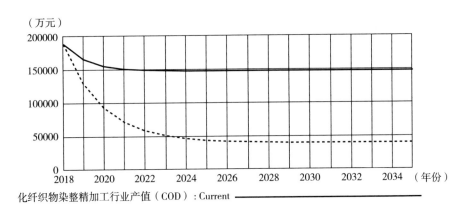

化纤织物染整精加工行业产值（COD）：Current ——————————

化纤织物染整精加工行业产值（NH$_3$-N）：Current - - - - - - - - -

图 6-11 化纤织物染整精加工行业（COD 和 NH$_3$-N）产值仿真

依照排污权分配系统调控方案概念图，分别采用应急调控方案与中长期调控方案对排污权分配 SD 系统进行仿真，仿真结果如表6-9所示。

表 6-9　分区 2 排污权分配系统调控方案仿真结果

调控方案		选取参数	初始值	变化值	成本效益（亿元）	断面水质
	现状					COD 超标 5.13% NH_3-N 超标 48.5%
应急方案	方案一　行业储存能力	行业储存量	0	0.2		COD 超标 0.40% （削减了 4.50%） NH_3-N 超标 36.96% （削减了 8.39%）
	方案二　污水处理厂储存能力	污水处理厂储存量	0	0.2		COD 达标 （削减了 9.13%） NH_3-N 超标 22.64% （削减了 18.0%）
	方案三　调控水闸	减少污水入河量	0	0.2		COD 达标 （削减了 9.13%） NH_3-N 超标 22.64% （削减了 20.0%）
中长期方案	方案四　工矿企业技术的改进	行业实际排放系数	两种污染物实际排放系数	实排×0.9	13.51	COD 达标 NH_3-N 达标
	方案五　污水处理厂提标	出厂污染物浓度	一级 a 排放标准	准四类排放标准	110.43	COD 达标 NH_3-N 达标
	方案六　农业种植综合治理	管理水平	0.5	0.5×0.5	73.21	COD 达标 NH_3-N 达标
	方案七　岸边带整治	岸边带因子	0.6	0.4	56.86	COD 达标 NH_3-N 达标
	方案八　水生态整治	水质响应系数	0.8	0.8×0.8	132.09	COD 达标 NH_3-N 达标
	方案九　生态景观整治	生态景观因子	0.8	0.8×0.8	3.65	COD 达标 NH_3-N 达标

各方案调控仿真结果分析如下：

方案一：当断面不达标时，可采取此方案，企业自身有储存污水能力，若能利用好这一能力，将能成为一个很好的应急方案。仿真结果显示，COD由超标5.13%削减到超标0.40%，NH_3-N由超标48.5%削减到36.96%。方案一可为一种有效方案，对污染物浓度的削减程度较高，可作为应急方案使用。

方案二：仿真结果显示，COD由超标5.13%变为达标，NH_3-N由超标48.5%削减到超标22.64%，削减了8%。方案二高效且易执行，当断面状况紧急时，可为一种有效方案，对污染物浓度的削减程度很理想，可作为应急方案使用。

方案三：仿真结果显示，COD由超标5.13%削减了9.13%到达标，NH_3-N由超标48.5%削减到超标22.64%，削减了20%。方案三高效且易执行，当断面状况紧急时，对污染物浓度的削减程度很理想，可作为应急方案使用。

方案四：作为一种中长期方案，提升行业的处理技术，成本效益偏高，可作为一种调控方案，但产值较现状有所降低，方案优先级不高。

方案五：污水处理厂作为污染物处理最关键的一环，其污水处理技术十分关键，Z县几乎所有的企业都纳管，因此通过提升污水处理厂的排放技术是重中之重。Z县目前的污水处理厂的处理标准为一级a标准，而根据《关于实施浙江省城镇污水处理厂清洁排放执行标准的指导意见》要求，浙江省污水处理厂达到准四类标准的规定，将污染物出水浓度参数从一级a调整到准四类。仿真结果表明，在断面都达标的基础上，行业产值提升了10%，成本效益值较高，方案效果尤为明显，作为一种中长期方案，可优先考虑。

方案六：管理水平对于农业排污十分重要，由于Z县实施了测土培肥、虫害预警、统一施肥标准与施肥时间等，咨询当地有关部门与专家初定管理水平的初始值为0.5。并且Z县当地正在实施《农业面源污染综合治理试点项目》，项目预期能够减少45%污染物的排放量以及20%的农药、化肥施用量，因此将管理水平参数调整为原来的50%。仿真结果表明，在断面达标的基础上，行业产值依然降低，但成本效益值偏高，可作为一种中长期方案。

方案七：Z县目前的岸边带大部分为10米左右，当地正在拓宽岸边带，设置松木桩等一系列建设岸边带活动，经咨询有关部门人员，岸边带削减系数预期能从40%增至60%，因此岸边带参数由0.6调整为0.4。结果表明在断面达标的基础上，行业产值依然降低，成本效益值偏高，可作为一种中长期方案。

方案八：污染物从入河口排放到断面，水生态的情况毋庸置疑十分重要。Z县由于大部分河道都是航道，因此水生植物几乎没有，污染物的浓度仅依靠稀释作用，而当地正在通过种植水生物改善水生态，因此水质响应系数参数调整为原来的80%。仿真结果表明，在断面达标的基础上，成本效益值最高，成本低、收益高，方案效果最明显，作为一种中长期方案优先级最高。

方案九：生态景观作为降低农田径流污染物的最关键一环，生态景观建设的重要性不容忽视，因此生态景观因子参数调整与水生态一样设置为原来的80%。但分区2不是以农业面源为主要污染源，仿真结果表明，在断面达标的基础上，行业产值降低较多，成本效益值偏低，方案效果一般。

综上，针对分区2的污染源情况、断面情况、排污权纳污能力等，当出现紧急情况时，可采用方案一和方案二降低断面浓度，使得断面达标。中长期方案中生态景观整治成本效益值偏低，成本高、收益低，可暂时不考虑，因此，中长期方案的优先级为水生态整治、污水处理厂提标、农业种植综合治理、岸边带整治、工矿企业技术改进。

三、分区3排污权分配系统动力学模型仿真与调控

以2018年Z县分区3居民人口、行业产值（分区3有5个行业，分别为医药制造业，化纤织物染整精加工，纺织服装、服饰业，食品

制造业，电气机械和器材制造业）、耕地面积、畜禽养殖存栏量、生态状况作为历史数据进行仿真模拟，以 2018 年 Z 县分区 3 医药制造业，化纤织物染整精加工，纺织服装、服饰业，食品制造业，电气机械和器材制造业 5 个行业的产值作为初始条件，在不改变其他结构和外在环境情况下，构建出分区 3 的排污权 COD 分配调控 SD 模型（见图 6-12）以及排污权 NH_3-N 分配调控模型（见图 6-13），并对模型进行排污权分配仿真。系统仿真结果表明，在现有情况不变下，分区 3 断面 COD（见图 6-14）的浓度达标，NH_3-N（见图 6-15）的浓度超标，说明对于分区 3 来说，NH_3-N 排放的量超出了分区 3 所能容纳的量。并且模型仿真结果显示，要使分区 3 NH_3-N 污染物达标，5 个行业的产值都要减少（见图 6-16）。由于分区 3 COD 是达标的，只需要对分区 3 NH_3-N 排污权分配调控 SD 模型进行调控仿真即可，其中医药制造业［见图 6-16（a）］、食品制造业［见图 6-16（d）］、电气机械和器材制造业［见图 6-16（e）］的产值减少到了 0 以下，并且减少了太多，这说明，医药制造业、食品制造业、电气机械和器材制造业对 NH_3-N 排放的影响微乎其微，可以忽略不计，因此，分区 3 的 NH_3-N 排污权分配系统调控模拟不考虑医药制造业、食品制造业、电气机械和器材制造业 3 个行业。

依照排污权分配系统调控方案概念图，分别采用应急调控方案与中长期调控方案对排污权分配 SD 系统进行仿真。仿真结果如表 6-10 所示。

分区 3 调控方案结果分析如下：

现状：由排污权分配仿真结果现状可知目前 COD 达标，NH_3-N 超标 14.0%。

方案一：当断面不达标时，情况突发，需采取应急方案。仿真结果显示，NH_3-N 由超标 14.0% 削减到 12.7%，方案一可为一种有效方案，但对污染物浓度的削减程度不高，作为应急方案使用的优先级较低。

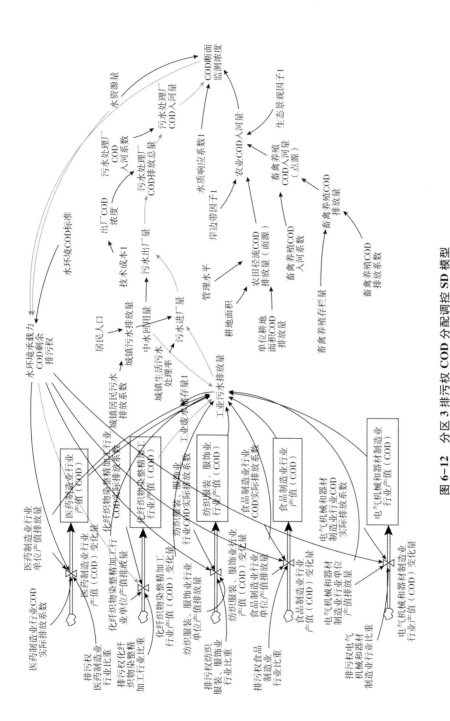

图 6-12　分区 3 排污权 COD 分配调控 SD 模型

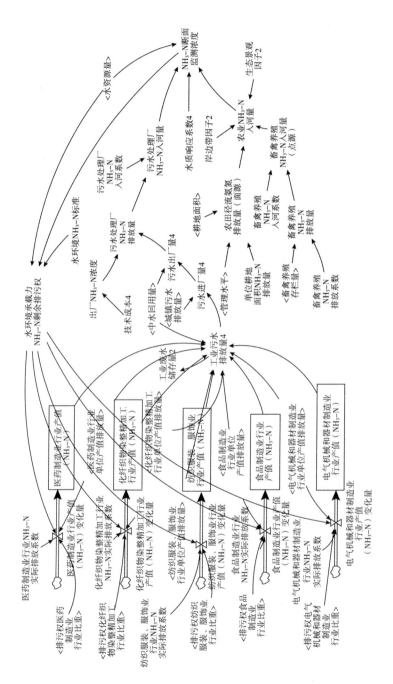

图 6-13　分区 3 排污权 NH₃-N 分配调控 SD 模型

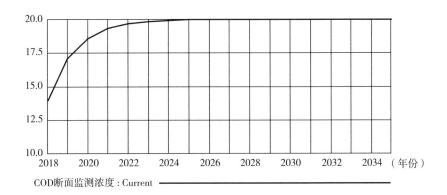

图 6-14 分区 3 COD 断面监测浓度

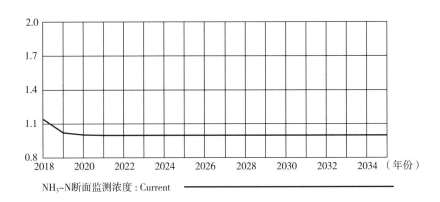

图 6-15 分区 3 NH₃-N 断面监测浓度

方案二：通过污水处理厂自身的储存能力进行应急处理，仿真结果显示，NH_3-N 由超标 14.0%变为达标。方案二高效且易执行，当断面状况紧急时，对污染物浓度的削减程度很理想，可作为应急方案使用，并且方案二作用明显而方案一不明显，说明对于分区 3，居民生活源是影响断面达标的主要污染源，工业点源不是主要污染源。

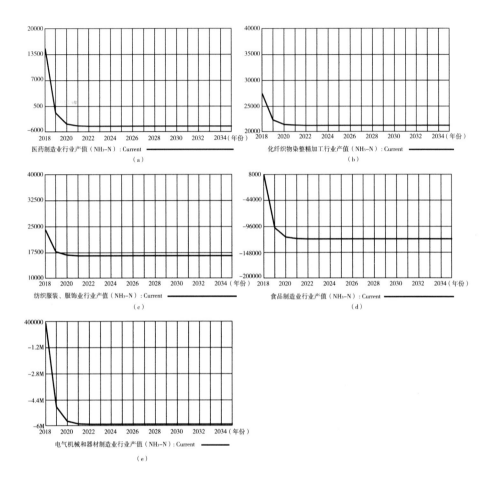

图 6-16　分区 3 的 5 个行业产值仿真

　　方案三：仿真结果显示，COD 削减了 18.5%，NH_3-N 由超标 14.0% 削减了 47.0%。方案三高效且易执行，当断面状况紧急时，可为一种有效方案，对污染物浓度的削减程度很理想，优先级较高。

　　方案四：提升行业的处理技术，虽然断面污染物都达标，但牺牲了行业的产值，成本效益为负值，效果不明显，作为一种方案的优先级不高。

表 6-10　分区 3 排污权分配系统调控方案仿真结果

调控方案		选取参数	初始值	变化值	成本效益（成本/效益）（万元）	断面水质
	现状					COD 达标 NH₃-N 超标 14.0%
应急方案	方案一　企业污水储存能力	行业储存量	0	0.2		COD 达标（削减了 0.969%）NH₃-N 超标 12.7%（削减了 1.14%）
	方案二　污水处理厂储存能力	污水处理厂储存量	0	0.2		COD 达标（削减了 14.0%）NH₃-N 达标（削减了 18.2%）
	方案三　调控水闸	减少污水入河量	0	0.2		COD 达标（削减了 18.5%）NH₃-N 达标（削减了 47.0%）
中长期方案	方案四　工矿企业技术的改进	行业实际排放系数	两种污染物实际排放系数	0.9	-9.82	COD 达标 NH₃-N 达标
	方案五　污水处理厂提标	出厂污染物浓度	一级 a 排放标准	准四类排放标准	38.72	COD 达标 NH₃-N 达标
	方案六　农业种植综合整治	管理水平	0.5	0.5×0.5	9.80	COD 达标 NH₃-N 达标
	方案七　岸边带整治	岸边带因子	0.6	0.4	8.40	COD 达标 NH₃-N 达标
	方案八　水生态整治	水质响应系数	0.8	0.8×0.8	30.29	COD 达标 NH₃-N 达标
	方案九　生态景观整治	生态景观因子	0.8	0.8×0.8	0.47	COD 达标 NH₃-N 达标

方案五：污水处理厂作为污染物处理最关键的一环，其污水处理技术十分关键，Z县分区3所有的企业都纳管，因此，提升污水处理厂的排放技术是重中之重。污水处理厂出厂浓度参数调控与前文一致，仿真结果表明，在断面都达标的基础上，化纤织物染整精加工和纺织服装、服饰业产值分别提升了72.8%和102.0%，成本效益值最高，方案效果最为明显，作为一种中长期方案，可优先考虑。

方案六：管理水平对于农业排污十分重要，调控参数调整与前文一致。仿真结果表明，在断面达标的基础上，行业产值依然降低，成本效益值偏低，对于分区3，农业面源不是影响断面是否达标的主要方面，方案效果不太明显，作为一种中长期方案的优先级不高。

方案七：岸边带调控参数调整与前文一致，仿真结果表明，在断面达标的基础上，行业产值依然降低，成本效益值偏低，由方案五知分区3农业面源不是主要方面，因此该方案效果也不太明显，作为一种中长期方案的优先级不高。

方案八：污染物从入河口排放到断面，水生态的情况毋庸置疑十分重要。水质响应系数调控参数与前文一致，仿真结果表明，在断面达标的基础上，化纤织物染整精加工和纺织服装、服饰业产值分别提升了17.4%和24.4%，成本效益值偏高，方案效果较明显，作为一种中长期方案优先级仅次于污水处理厂提标。

方案九：生态景观作为降低农田径流污染物的最关键一环，生态景观建设的重要性不容忽视，生态景观因子调控参数调整与前文一致。但分区3不是农业面源为主要污染源，仿真结果表明，在断面达标的基础上，行业产值降低较多，成本效益低于1，说明成本高收益低，方案效果一般。

因此，针对分区3的污染源情况、断面情况、排污权纳污能力等，应急方案可采取利用企业自身的储存能力暂时储存污水和利用污水处理厂的储存能力暂时储存污水两个应急调控方案，但对于分区3，利用企业自身能力储存污水的效果不太明显，想要达到明显的应急削减目标，需利用污水处理厂自身储存能力储存污水，必要时可以两个方案同时采用。中长期方案中，污水处理厂提标以及改善水生态的效果最为明显，成本效益最好；其他中长期方案，单一方案效果不明显，无法在达标的基础上实现经济产值的增长，需同时采用其中的几种一起使用，才能达到经济与生态的同步增长。综上，对于分区3，主要污染源是居民生活源，工业点源和农业面源都不是主要污染源，生态景观整治成本高、收益低可不考虑，而工矿企业技术改进无法在达标的基础上实现经济的增长，也不优先考虑，因此中长期调控方案的优先级为污水处理厂提标、水生态整治、农业种植综合整治、岸边带整治。

四、分区7排污权分配系统动力学模型仿真与调控

以2018年湖州市Z县分区7居民人口、行业产值（该区的4个行业分别为铅蓄电池制造业、金属制造业、药剂材料制造行业、化学原料和化学制品制造业）、耕地面积、畜禽养殖存栏量、生态状况作为历史数据进行仿真模拟，以2018年Z县铅蓄电池制造业、金属制造业、药剂材料制造行业、化学原料和化学制品制造业4个行业的产值作为初始条件，在不改变其他结构和外在环境情况下，构建出分区7的排污权COD分配调控SD模型（见图6-17）以及排污权NH_3-N分配调控SD模型（见图6-18），并对模型进行排污权分配仿真。系统仿真结果表明，在现有情况不变下，分区7断面COD（见图6-19）的浓度达标，NH_3-N（见图6-20）的浓度超标，说明对于分区7来说，COD的排放还有空余的空间，而NH_3-N排放的量超出了分区7所能容纳的量，并且模型仿真结果显示，要使分区7 NH_3-N污染物达标，4个行业的产值都要减少（见图6-21），甚至铅蓄电池制造业［见图6-21（a）］、化学原料和化学制品制造业［见图6-21（d）］的产值要减少到0以下，这说明，对于分区7，影响NH_3-N达标的主要污染源不是工业点源。因此，需要采取一定的调控措施，实现达到水环境标准的目标。由于分区7 COD是达标的，只需要对分区7排污权NH_3-N分配调控SD模型进行调控仿真即可，其中的铅蓄电池制造业、化

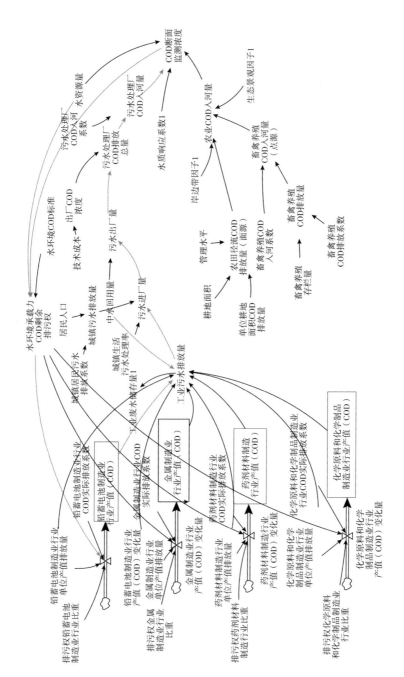

图6-17　分区7排污权COD分配调控SD模型

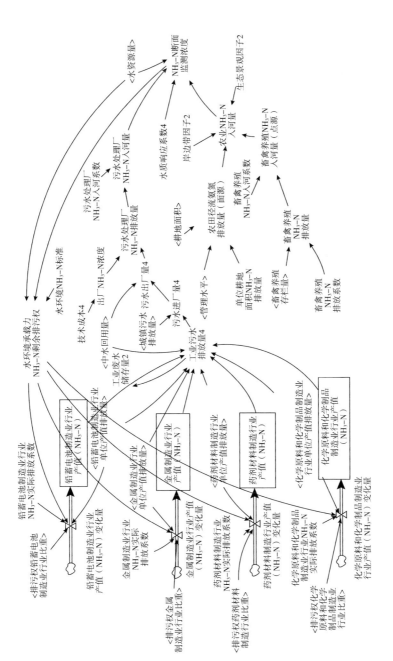

图 6-18　分区 7 排污权 NH₃-N 分配调控 SD 模型

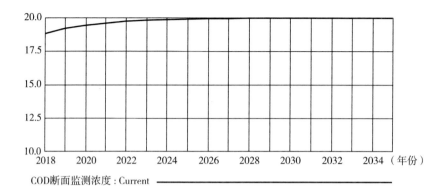

COD断面监测浓度：Current

图6-19 分区7 COD断面监测浓度

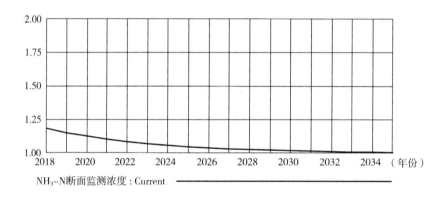

NH$_3$-N断面监测浓度：Current

图6-20 分区7 NH$_3$-N断面监测浓度

学原料和化学制品制造业对 NH$_3$-N 的影响微乎其微，可以不考虑这两个行业。

依照排污权分配系统调控方案概念图，分别采用应急调控方案与中长期调控方案对排污权分配 SD 系统进行调控仿真，由上述仿真结果可知，工业点源对分区 7 NH$_3$-N 污染物的影响很小，行业储存能力的应急方案和行业技术改进的中长期方案对污染物达标的影响可以忽略不计，效果不明显，可以不考虑工业点源的影响。因此，不模拟行业储存能力应急方案和行业技术改进中长期方案，只需要通过调控方案模拟是否能达到 NH$_3$-N 达标的目标。调控仿真结果如表 6-11 所示。

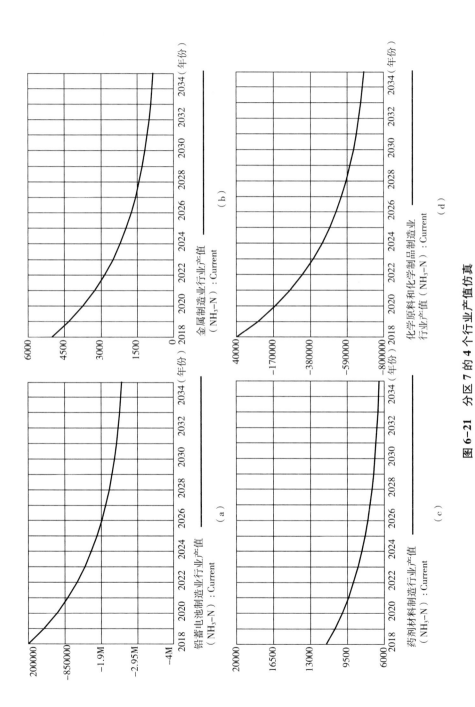

图 6-21　分区 7 的 4 个行业产值仿真

表 6-11　分区 7 排污权分配系统调控方案仿真结果

调控方案		选取参数	初始值	变化值	成本效益（成本/效益）（万元）	断面水质
	现状					COD 达标 NH$_3$-N 超标 18.3%
应急方案	方案一　污水处理厂储存能力	污水处理厂储存量	0	0.2		COD 达标（削减了 6.83%）NH$_3$-N 超标 3.1%（削减了 12.8%）
	方案二　调控水闸	减少污水入河量	0	0.2		COD 达标（削减了 20.9%）NH$_3$-N 达标（削减了 19.9%）
中长期方案	方案三　污水处理厂技术提标	出厂污染物浓度	一级 a 排放标准	准四类排放标准	145.33	COD 达标 NH$_3$-N 达标
	方案四　农业种植综合治理	管理水平	0.5	0.5×0.5	17.03	COD 达标 NH$_3$-N 达标
	方案五　岸边带整治	岸边带因子	0.6	0.4	43.46	COD 达标 NH$_3$-N 达标
	方案六　水生态整治	水质响应系数	0.8	0.8×0.8	59.83	COD 达标 NH$_3$-N 达标
	方案七　生态景观整治	生态景观因子	0.8	0.8×0.8	31.50	COD 达标 NH$_3$-N 达标

分区 7 调控方案结果分析：

现状：由排污权分配仿真结果现状可知目前 COD 达标，NH$_3$-N 超标 18.3%。

方案一：当断面不达标时，需采取应急方案，仿真结果显示，NH$_3$-N 由超标 18.3% 削减到超标 3.1%，削减了 12.8%。方案一对污染物浓度的削减程度较高，可作为应急方案使用。

方案二：仿真结果显示，NH_3-N 由超标 18.3% 到达标，削减了19.9%。方案二高效且易执行，当断面状况紧急时，对污染物浓度的削减程度很理想，可作为应急方案使用。

方案三：污水处理厂作为污染物处理最关键的一环，其污水处理技术十分关键，虽然分区 7 纳管的工业点源对断面达标的影响微乎其微，但还有居民源纳管在污水处理厂，因此通过提升污水处理厂的排放技术是重中之重。调控参数与前文一致，仿真结果表明，在断面都达标的基础上，金属制造业行业和药剂材料制造行业的产值分别提升了 194.9% 和 102.8%，成本效益值最高，方案效果最为明显，作为一种中长期方案，可优先考虑。

方案四：管理水平对于农业排污十分重要，调控参数与前文一致，仿真结果表明，在断面达标的基础上，金属制造业行业和药剂材料制造行业的产值分别提升了 31.8% 和 16.8%，成本效益值偏高，对于分区 7，农业面源也是主要方面，方案四效果较明显。

方案五：岸边带因子参数变化量与前文一致，仿真结果表明，在断面达标的基础上，行业产值降低不多，与现状保持一致，而且成本效益值偏高，也可考虑作为一种方案。

方案六：污染物从入河口排放到断面，水生态的情况毋庸置疑十分重要。调控参数水质响应系数改变量与前文一致。仿真结果表明，在断面达标的基础上，金属制造业行业和药剂材料制造行业的产值分别提升了 71.3% 和 37.6%，成本效益值仅次于污水处理厂提标，方案效果较明显，作为一种中长期方案优先级较高。

方案七：生态景观作为降低农田径流污染物的最关键一环，生态景观建设的重要性不容忽视，生态景观因子参数调整与前文一致。仿真结果表明，在断面达标的基础上，金属制造业行业和药剂材料制造行业的产值分别提升了 28.7% 和 15.2%，成本效益值偏高，方案效果较为明显，可作为一种中长期方案。

因此，针对分区 7 的断面情况、排污权纳污能力等，通过对分区 7 的现状进行模拟以及通过调控方案对分区 7 进行仿真可知，影响分区 7 断面水质情况主要是居民生活源以及农业面源，分区 7 污染物中的 COD 还有多余的空间，而 NH_3-N 超标，但超标不多。调控结果表明，各种中长期方案几乎都能有效缓解分区 7 NH_3-N 超标的情况，并且当出现紧急情况时，两种应急调控方案对降低断面 NH_3-N 浓度的效果都很明显，可以视情况决定采取哪一种甚至两种一并采用，使断面水质达标。综上，分区 7 的断面水质情况可以采取如上的方案达到达标的目标，总体情况较乐观，中长期调控方案的优先级为污水处理厂提标、水生态整治、岸边带整治、生态景观整治、农业种植综合治理。

通过排污权分配系统调控方案概念图，针对 3 个分区不同的特点，分别进行应急方案和中长期方案共 9 种方案中不同的方案模拟，并且对模拟的结果进行成本效益分析。结果显示，对于分区 2 以居民点源为主的区域，中长期方案的优先级为：水生态整治、污水处理厂提标、农业种植综合治理、岸边带整治、工矿企业技术改进；对于分区 3 以工业点源为主的区域，中长期调控方案的优先级为污水处理厂提标、水生态整治、农业种植综合整治、岸边带整治；对于分区 7 以农业等面源为主的区域，中长期调控方案的优先级为污水处理厂提标、水生态整治、岸边带整治、生态景观整治、农业种植综合治理。针对不同特点的分区，采取不同的方案，实现综合治理能力现代化。

第七章

基于组合绩效的行业排污权初始分配

第六章通过系统动力学方法构建基于水环境承载力的排污权分配系统模型，基于点面源污染总量协同控制，从"控污、治污、扩容"三个角度设计政策干预点，构建了基于排污权分配的绿色生产和生态文明建设协调发展的综合方案，发现工业行业结构调整、企业技术改进是降低流域污染排放，提升流域环境承载力的有效途径。排污权交易对促进企业提高资源利用效率、实现绿色转型发挥着重要作用。排污权初始分配是固定源排污权制度和排污权交易制度顺利实施的关键，分配结果事关企业切身利益，直接影响区域环境资源的配置效率。本章进一步以 Z 县工业行业为研究对象，在第三章水环境承载力数量评估的基础上对 Z 县各分区源强污染负荷进行核算，确定区域许可排污总量，并针对当前排污权分配主要集中于以行政单元为主按其生产技术与生产能力进行总量分配，未考虑水环境承载力约束、区域发展规划、行业实际发展等的不足，在考虑生态环境、产业调整和经济发展等因素基础上构建"区域→水生态功能分区→行业"的多层级、精细化的排污权分配模型，并利用该分配模型对 Z 县的典型性水功能分区 2、分区 3 和分区 7 的工业行业进行排污权初始分配计算与分析，验证了该分配方案的可行性和可操作性。

第一节　Z县各分区源强污染负荷核定

本章通过对Z县各分区污染源进行调查分析，将Z县的污染源划分为点源污染、面源污染、生活源污染三大块，其中点源污染包括工业点源、规模化畜禽养殖点源；面源污染为农业面源；生活源污染包括城镇生活源污染和农村生活源污染（见图7-1）。

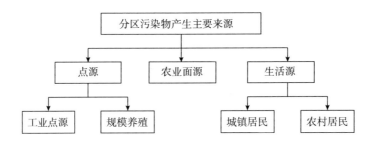

图7-1　Z县污染源分布

本章所涉及的数据均通过实地调研、文献搜索以及到相关部门借阅等手段收集获取，包括社会经济数据、水生态数据、水资源数据、水环境数据等。数据收集具体方法如下：①总人口、城镇人口、乡村人口：参考Z县2019年统计年鉴和各乡镇年度统计报表；②企业满负荷生产污染物排放量：由生态环境局提供；③工业污染物排放量、工业废水排放量：生态环境局数据；④断面信息、污染物浓度：实地调研、生态环境局和环境监测部门数据；⑤规模化养殖污染物排放量数据：Z县畜牧兽医局、《统计年鉴》、《排污权证申请与核发技术规范畜禽养殖行业》；⑥城镇生活污染物排放量：按城镇人口以及城镇污水处理厂运行数据定额计算；⑦农业污染物排放量：源强手册，按照农业产业结构、施肥量等定额估算。

一、点源污染负荷总量核定

（一）工业点源污染负荷总量核定

利用实地调研、企业访谈、资料借阅方式统计分析目标区域各水功能分区工业点源、污水处理厂的污染物流出流入浓度与污水流量，进而根据污染物浓度与水量计算出工业点源不同污染物的排放总量。调查统计重点涉水工矿企业数为 41 个，工业废水排放量为 5116739.13 吨，全部纳管进入各污水处理厂进行深度处理。经统计数据得，Z 县各分区工业产值及污染物排放情况如表 7-1 所示。

表 7-1　Z 县各分区工业点源污染物排放统计（入河量）

分区	工业总产值（万元）	工业废水排放量（吨）	COD（吨）	NH₃-N（吨）	TN（吨）	TP（吨）
分区 1	981423.70	74691.6000	0.1924	0.0117	0.4428	0.0529
分区 2	188480.92	3356617.6560	57.4126	1.3718	10.5329	0.3925
分区 3	73726.40	709647.2100	7.4050	0.2585	1.8479	0.0488
分区 4	18632.00	462459.5880	3.5941	0.1031	1.4645	0.1057
分区 5	70311.00	69624.2400	0.1382	0.0017	0.1324	0.0000
分区 6	8400.00	203027.8250	2.1167	0.0253	0.4426	0.0047
分区 7	856891.29	240671.0110	0.4962	0.0521	1.7249	0.0505
合计	2197865.31	5116739.13	71.3552	1.8242	16.588	0.6551

（二）规模化禽畜养殖点源污染负荷总量核定

参考生态环境部 2019 年发布并实施的《排污许可证申请与核发技术规范畜禽养殖行业》关于畜禽养殖行业排污单位采用产污系数法核算污染物排放量的，单位畜禽污染物的产生量、畜禽养殖量计算公式如下：

$$E = \sum N \times T \times (\delta_1 + \delta_2) \times 10^{-6} \times \lambda \qquad (7-1)$$

式中：E 为核算期内畜禽养殖某项水污染物的排放入河量，单位：吨；

213

N 为核算期内排污单位畜禽平均存栏量，单位：头（只）；T 为核算时段时间，单位：天；δ_1 为单位畜禽粪便中某项水污染物含量，单位：克/天；δ_2 为单位畜禽尿液中某项水污染物含量，单位：克/天；λ 为入河系数。

根据标准 HJ 1029—2019 得到 Z 县各分区不同畜禽的污染物排放系数（见表 7-2）。

表 7-2　各类畜禽污染物产生量（规模以上）

种类	饲养周期（天）	粪便中污染物含量[克/天·头（只）]				尿液中污染物含量[克/天·头（只）]			
		COD	NH₃-N	TN	TP	COD	NH₃-N	TN	TP
生猪	150	167.4	6.1	9.3	2.9	35.4	4.8	11.2	0.3
奶牛	365	5454.4	46.9	168.5	41.9	358.6	32.4	112.5	3.5
肉牛	365	2435.1	28.6	68.8	12.1	175.3	24.3	38.8	2.4
蛋鸡	365	21.3	0.6	1.2	0.3	—	—	—	—
肉鸡	60	19.5	0.5	1.1	0.3	—	—	—	—

对具有不同畜禽种类的排污单位，污染物产生系数可将养殖量换算成相应的畜禽品种养殖量后进行核定，换算比例为：1 只鸭折算成 1 只鸡（蛋鸭折算成蛋鸡，肉鸭折算成肉鸡），1 只鹅折算成 2 只鸡（蛋鹅折算成蛋鸡，肉鹅折算成肉鸡），3 只羊折算成 1 头猪。各分区折算后的畜禽总量如表 7-3 所示。

表 7-3　Z 县各分区各类畜禽平均存栏量（规模以上）（折算后）

种类	分区 1	分区 2	分区 3	分区 4	分区 5	分区 6	分区 7
生猪（头）	4415	9622	3977	37966	35326	14458	21064
奶牛（头）	—	—	—	—	—	—	—
肉牛（头）	369	—	—	—	112	—	—
蛋鸡（只）	15516	9448	2050	49960	313833	5415	34630
肉鸡（只）	45339	20965	4887	65086	534595	46162	73618

通过表7-2与表7-3的数据，代入公式（7-1）进行污染物排放量核定，得到各分区规模化畜禽养殖业的污染物排放量（见表7-4）。

表7-4　Z县各分区工业点源规模养殖污染物排放统计　　单位：吨

分区	污染物排放量			
	COD	NH_3-N	TN	TP
分区1	307.9765	11.9766	23.3643	4.8577
分区2	390.942	18.4306	35.1106	5.9873
分区3	142.6257	7.0974	13.4487	2.2210
分区4	1619.4904	74.9682	142.9236	23.4008
分区5	4139.9779	142.5247	281.3686	55.1356
分区6	535.9172	26.2095	49.8766	9.2608
分区7	996.1204	44.2316	84.7975	14.9817
合计	8132.8023	325.4386	630.8899	115.8448

经过实地调研以及专家咨询，Z县的规模化畜禽养殖污染物排放处理全部经过厌氧池、氧化塘、干粪棚等"两分离、三配套"的预处理，并制定"点对点、量对量"一对一的资源化利用农牧对接方案，粪污通过种植基地就近就地消纳，全县畜禽养殖场排泄物资源化利用率达99.3%，同时经过污水处理厂进行深度集中处理实现了规模化养殖业的零排放（即$\lambda=0$），其污染物入河量可以忽略不计。

二、农业面源污染负荷总量核定

当前，我国非点源污染负荷总量的核定方法较多，通常使用输出系数法、流域非点源污染模型等。本章根据Z县实际情况以及数据获取情况，选用输出系数法对Z县各水生态功能分区非点源（农业面源）排放量进行核算。

通过资料收集与实地调研，农业面源污染主要归结于旱地、水田、茶园的种植污染。并以不同的土地利用方式与对应的种植面积进行农业种植

污染物排放量核算。具体的核算方式如下:

$$Y = \sum \alpha_i \times p_i \times 10^{-3} \times \lambda \qquad (7-2)$$

式中:Y 为农业面源种植污染物排放入河量,单位:吨;α_i 为种植物 i 的单位面积污染物流失强度,单位:千克/亩;p_i 为种植物 i 的种植面积,单位:亩;λ 为农业面源污染物的入河系数。

不同种植物不同土地利用类型的污染物流失强度 COD 取值来自张桂英(2010)等的研究成果;NH_3-N、TN、TP 参考《第一次全国污染源普查——农业污染源之肥料流失系数手册》整理得到,不同参数的具体取值如表 7-5 所示。

表 7-5　不同土地利用方式肥料流失强度　　　　单位:千克/亩

地理位置	土地利用方式	肥料流失量			
		COD	NH_3-N	TN	TP
南方湿润平原区—平地	旱地—蔬菜	1.496	0.107	1.233	0.389
	水田—稻麦轮作	1.314	0.114	1.106	0.024
	水田—稻油轮作	1.314	0.080	1.301	0.055
	水田—单季稻	1.314	0.141	0.789	0.034
	园地—茶、果、其他园	1.496	0.079	1.331	0.107

同时,对 Z 县各村镇土地类型调查,整理得出 Z 县域内的 7 个不同分区的不同土地的种植面积(见表 7-6)。

表 7-6　Z 县不同分区不同土地种植面积　　　　单位:亩

分区	旱地	水田	园地
分区 1	15723	17010	11117
分区 2	10429	24753	31461
分区 3	14364	58393	24026
分区 4	54350	65793	14144
分区 5	54302	81238	65397

分区	旱地	水田	园地
分区6	24168	38994	11485
分区7	26628	30421	75028

根据麻德明等（2014）在农业非点源污染负荷的研究成果以及《太湖流域主要入湖河流水环境综合整治规划编制规范》文件，确定各污染物排放的入河系数 λ 为10%。则农业面源的污染物入河量的计算结果如表7-7所示。

表7-7　Z县各分区农业面源污染物排放入河量　　单位：吨/年

分区	污染物排放量			
	COD	NH_3-N	TN	TP
分区1	10.3103	0.7272	8.8640	1.0525
分区2	9.2824	0.6578	8.1814	0.8120
分区3	8.7459	0.6994	7.3750	0.6462
分区4	21.5700	1.7879	18.1540	1.1917
分区5	40.8495	3.4727	30.1023	3.9757
分区6	10.5096	0.8399	8.8695	0.7401
分区7	16.8484	1.2341	14.4366	1.0363
合计	118.1161	9.4190	95.9830	9.4547

三、生活源污染负荷总量核定

Z县生活源污染物的处理方式有两种：一是城镇生活源污染物纳管进入当地的污水处理厂集中处理；二是农村生活源污染物由各分区农村微动力处理终端进行集中处理。

生活源污染物排放量由人均污染物排放系数（输出系数法）计算得出，计算公式如下：

$$H = \beta_i \times X_i \times 10^{-6} \times \lambda \tag{7-3}$$

式中：H 为不同生活源污染物排放入河量，单位：吨；β_i 为不同生活源 i 的某污染物排放系数，单位：克/人·天；X_i 为不同生活源 i 的人口数，单位：人；λ 为不同生活源的污染物入河系数。

其中，截至 2019 年 Z 县不同分区下的不同生活源人口数如表 7-8 所示。

表 7-8　Z 县各分区人口统计　　　　　　　　　　　　单位：人

分区	总人口	城镇人口	农村人口
分区 1	80021	41340	38681
分区 2	52467	27102	25365
分区 3	130072	93114	36959
分区 4	107137	55148	51989
分区 5	132291	70525	61767
分区 6	76914	41480	35434
分区 7	58132	30471	27661
总计	637035	359179	277856

按照《第一次全国污染源普查城镇生活源产排污系数手册》，Z 县区域内城镇人均污染物排放系数按表 7-9 计算。

表 7-9　Z 县城镇人均生活污染负荷

人均污水量 （升/人·天）	COD （克/人·天）	NH$_3$-N （克/人·天）	TN （克/人·天）	TP （克/人·天）
130.05	40.96	3.12	4.29	0.51

按表 7-8 和表 7-9 中的相应数据代入公式（7-3），计算得出城镇生活源污染物排放量结果（见表 7-10）。

表 7-10　Z 县各分区城镇生活污染负荷

分区	城镇人口	城镇生活污水				
		污水 （万立方米/年）	COD （吨/年）	NH$_3$-N （吨/年）	TN （吨/年）	TP （吨/年）
分区 1	41340	196.2337	618.0495	47.0780	64.7322	7.6954
分区 2	27102	128.6485	405.1857	30.8638	42.4377	5.0450
分区 3	93114	441.9959	1392.0915	106.0382	145.8026	17.3332
分区 4	55148	261.7779	824.4847	62.8025	86.3535	10.2658
分区 5	70525	334.7698	1054.3770	80.3139	110.4316	13.1282
分区 6	41480	196.8983	620.1426	47.2374	64.9515	7.7215
分区 7	30471	144.6405	455.5536	34.7004	47.7130	5.6722
合计	359179	1704.9646	5369.8847	409.0342	562.4220	66.8614

其中，Z 县共 13 家污水处理厂承担该区域生活污水及工业废水的收集。经处理后的污水 COD 排放控制在 50 毫克/升，NH$_3$-N（氨氮）控制在 5 毫克/升，总氮（TN）控制在 15 毫克/升，总磷（TP）控制在 0.5 毫克/升，具体污染物处理与入河情况如表 7-11 所示。

表 7-11　Z 县城镇生活污染物处理及入河系数 λ　　　单位:%

污染物	污水厂处理剩余率	入河系数
COD	15.88	91.97
NH$_3$-N	20.84	88.00
TN	45.47	90.00
TP	12.75	87.06

根据这个处理标准对城镇生活污水排放情况进行修正（计算城镇生活污染物经过污水处理厂后的最终入河量）。污水修正后 Z 县各分区城镇生活污染负荷（城镇生活源污染物的入河量）如表 7-12 所示。

表 7-12　污水修正后 Z 县各分区城镇生活污染负荷（入河量）

分区	城镇人口	城镇生活污水				
		污水（万立方米/年）	COD（吨/年）	NH₃-N（吨/年）	TN（吨/年）	TP（吨/年）
分区 1	41340	196.2337	90.2651	8.6337	26.4904	0.8542
分区 2	27102	128.6485	59.1767	5.6602	17.3668	0.5600
分区 3	93114	441.9959	203.3127	19.4466	59.6668	1.9240
分区 4	55148	261.7779	120.4146	11.5175	35.3384	1.1395
分区 5	70525	334.7698	153.9900	14.7289	45.1919	1.4573
分区 6	41480	196.8983	90.5708	8.6630	26.5801	0.8571
分区 7	30471	144.6405	66.5329	6.3638	19.5256	0.6296
合计	359179	1704.9646	784.2628	75.0136	230.1600	7.4217

按照《第一次全国污染源普查城镇生活源产排污系数手册》，Z 县区域内农村人均污染物排放系数按表 7-13 计算，同样利用公式（7-3），农村生活源污染物排放量的计算结果如表 7-14 所示。

表 7-13　Z 县农村生活污染负荷表

人均污水量（升/人·天）	COD（克/人·天）	NH₃-N（克/人·天）	TN（克/人·天）	TP（克/人·天）
41.8	28.2	0.41	0.75	0.15

表 7-14　Z 县各分区农村生活污染负荷

分区	农村人口	农村生活污水				
		污水量（万立方米/年）	COD（吨/年）	NH₃-N（吨/年）	TN（吨/年）	TP（吨/年）
分区 1	38681	59.0156	398.1437	5.7886	10.5889	2.1178
分区 2	25365	38.6994	261.0867	3.7959	6.9438	1.3888
分区 3	36959	56.3883	380.4147	5.5309	10.1174	2.0235
分区 4	51989	79.3196	535.1223	7.7801	14.2320	2.8464
分区 5	61767	94.2379	635.7643	9.2434	16.9086	3.3817

续表

分区	农村人口	农村生活污水				
		污水量（万立方米/年）	COD（吨/年）	NH_3-N（吨/年）	TN（吨/年）	TP（吨/年）
分区6	35434	54.0617	364.7253	5.3027	9.7001	1.9400
分区7	27661	42.2024	284.7148	4.1395	7.5722	1.5144
合计	277856	423.9249	2859.9718	41.5812	76.0631	15.2126

其中，由于 Z 县各村共安装 316 处农村生活污水微动力终端，根据 A2/0 工艺处理效率，污染物的处理率及入河系数如表 7-15 所示。

表 7-15　Z 县农村生活污染物处理率及入河系数 λ　　　单位：%

污染物	微动力终端处理剩余率	入河系数
COD	21.31	91.97
NH_3-N	35.14	88.00
TN	33.58	90.00
TP	52.29	87.06

即农村生活源污染物从排放到经过微动力终端处理再到入河，其污水修正后 Z 县各分区农村生活污染负荷（农村生活源污染物的入河量）如表 7-16 所示。

表 7-16　水修正后 Z 县各分区农村生活污染负荷（入河量）

分区	农村人口	农村生活污水				
		污水量（万立方米/年）	COD（吨/年）	NH_3-N（吨/年）	TN（吨/年）	TP（吨/年）
分区1	38681	59.0156	78.0314	1.7900	3.2002	0.9641
分区2	25365	38.6994	51.1699	1.1738	2.0986	0.6322
分区3	36959	56.3883	74.5567	1.7103	3.0577	0.9212
分区4	51989	79.3196	104.8776	2.4059	4.3012	1.2958

续表

分区	农村人口	农村生活污水				
		污水量 （万立方米/年）	COD（吨/年）	NH$_3$-N （吨/年）	TN （吨/年）	TP （吨/年）
分区5	61767	94.2379	124.6022	2.8584	5.1101	1.5395
分区6	35434	54.0617	71.4818	1.6398	2.9316	0.8832
分区7	27661	42.2024	55.8007	1.2801	2.2885	0.6894
合计	277856	423.9249	560.5204	12.8582	22.9878	6.9253

四、各污染源强的最终入河量

由上述统计结果汇总可以得到 Z 县各污染源污染物的排放入河量以及 Z 县 7 个水功能分区的污染物入河量（见表 7-17 和表 7-18）。

表 7-17　Z 县 3 种污染源产生的污染物入河量总计　单位：吨/年

污染源类型		全县污染源排放量			
		COD	NH$_3$-N	TN	TP
点源	工业点源	71.3552	1.8242	16.588	0.6551
	规模化养殖	0	0	0	0
	小计	71.3552	1.8242	16.588	0.6551
面源	农业面源	118.1161	9.4190	95.9830	9.4547
	小计	118.1161	9.4190	95.9830	9.4547
生活源	城镇生活	784.2628	75.0136	230.1600	7.4217
	农村生活	560.5204	12.8582	22.9878	6.9253
	小计	1344.7832	87.8718	253.1478	14.347
总计		1534.2545	99.115	365.7188	24.4568

表 7-18　Z 县 7 个水功能分区下不同污染物的入河量　单位：吨/年

分区	COD	NH$_3$-N	TN	TP
分区1	178.7992	11.1626	38.9974	2.9237

续表

分区	COD	NH₃-N	TN	TP
分区 2	177.0416	8.8636	38.1797	2.3967
分区 3	294.0203	22.1148	71.9474	3.5402
分区 4	250.4563	15.8144	59.2581	3.7327
分区 5	319.5799	21.0617	80.5367	6.9725
分区 6	174.6789	11.168	38.8238	2.4851
分区 7	139.6782	8.9301	37.9756	2.4058
合计	1534.2544	99.1152	365.7187	24.4567

第二节　行业排污权初始分配模型

行业排污权初始分配指对污染源中的工业行业进行排污权初始分配。

一、分配的基本原则

（一）科学性原则

排污权分配要体现社会经济与环境生态系统的相关关系，实现生态现代化理论的要求，促进生态与经济的双赢。

（二）实用性原则

排污权分配过程与结果应当可以体现出区域水功能分区的水环境承载力实际情况，发挥区域水环境保护过程中水生态诊断、评定与保护导向作用。

（三）前瞻性原则

排污权的分配应考虑区域产业转型、经济稳定发展等前瞻性目标，结合当地区域产业发展规划适当实施排污权分配倾斜政策，激励产业转型和技术创新，促进区域经济实现可持续发展。

（四）可行性原则

排污权分配要体现可操作性，要充分体现企业的实际生产情况、排污情况，充分考虑当地政府排污权分配的落实难度与企业的减排压力。

二、分配思路

在当前不完全竞争市场中，由于不同地区之间存在污染源、环境管理水平、水环境承载力、产业结构、经济实力等因素的差异。想要实现排污权分配科学化精细化分配，还需要根据研究对象的实际情况明确分配思路，选择切实可行的分配方案。

通过查阅排污权分配相关文献发现，在以往的分配研究中大都是直接对流域、区域或者是控制单元进行分配。本章结合目标区域实际情况分析，由于以往的分配路线不细致，所以，选取了"区域—水生态功能分区—行业"的多层级分配。结合目标区域下不同的水功能分区的污染状况、污染限排总量，分区下不同的产业结构和区域发展规划，根据行业自身特点进行分配。

给行业发放排污权证，落实排污责任，提高行业经济效益，持续改善目标区域水环境质量是本书排污权分配的重要初衷。在理论指导和实践过程中总结发现，要想保证目标区域水质改善、达标，不仅需要在全年实现污染物排放的总量控制，还应当要求目标区域在不同水期水质达标。所以，本章排污权的分配不再只局限于对目标区域全年排污权的分配，对于目标区域不同水期（丰水期、平水期、枯水期）的排污权也进行分配。目的在于不仅约束各行业全年污染物排放量不能超标，在不同水期下污染物排放量也有所限制。在总量控制的基础上进一步改善、提升纳污水体的水质，使得区域水质不再是年末达标即可，而是在全年任何水期节点都需要达标，形成一种常态化的管理与生产模式。因此，本章节分配分为两种不同的情境（超排、不超排）进行差异化分配，在对工业行业进行分配前需要明确目标区域的工业行业是属于哪种情境，当工业行业生产污染物属于超排情景时，需要确定超排情境下在保行业生存条件下的行业排污权许可分配总量，进而确定目标区域工业行业需要的削减比例再进行行业的差异化削减，同时对超排水期提出可能的调控策略；当工业行业不超排时，需要确定不超排情境下的工业行业排污权许可分配总量，根据确定的分配方案对排污权分配，最终确定各行业排污权。

在可分配总量指标确定时，考虑到区域未来的经济发展、总量指标控制管理，为了应对未来的不确定风险，同时保证各分区纳污水体水质达标、监测断面达标，实现"双达标"的目标。在区域总量控制前提下，进行排污权分配时可预留一部分安全余量作为排污权储备指标，剩余的许可排放量作为分配总量。通过咨询相关专家确定安全余量为5%。

本章分配对象为工业行业，在确定目标区域的未来储备余量后还需根据目标区域剩余的可分配总量、其他污染源污染物排放情况来确定工业行业的许可分配量的状态，最终确定目标区域工业行业排污权的许可分配总量 Q_0（见图7-2）。

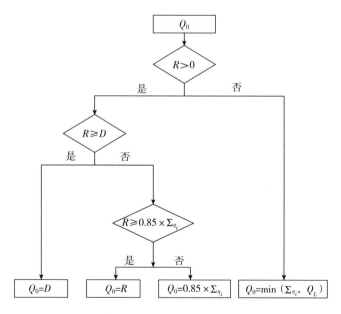

图7-2　工业点源污染物许可排放分配总量确定模型

其中：

R，分区 i 的工业点源污染物限排总量 RC =（分区 i 的污染物限排总量-安全余量-农业面源污染物入河量-居民点源污染物入河量-畜禽养殖业点源污染物入河量）/分区 i 工业点源污染物入河系数。（安全余量=分区 i 的污染物限排总量×5%；分区 i 工业点源污染物入河系数=分区 i 工业点源污染物经污水处理厂处理排放入河量/分区 i 的企业污染物实际排放总量）。

q_i，表示企业 i 的污染物实际排放量，根据《浙江省主要污染物初始排污权核定和分配技术规范（试行）》规定，区域可分配初始排污权总量原则上不得低于所辖区域内企业现有主要污染物排放总量的85%。

D，表示技术标准约束下的工业点源污染物许可排放量，公式如下：

$$D = \sum \alpha_i \times G_j \qquad (7-4)$$

式中，α_i 表示行业 i 的污染排放技术标准，G_j 表示行业 i 下的企业 j 的工业废水排放量。

Q_L，表示分区 i 的工业点源排污权证污染物排放量。

根据此模型，可以将排污权分配划分为不超排和超排两种情境，以工业点源 COD 的排污权许可分配总量 Q_0 取值为例：

不超排，当分区 i 的工业点源 COD 限排总量 RC 大于 0 即表示工业点源尚有许可排放分排量。此时比较 RC 与 DC 大小，取二者较小值。若 RC 大于 DC，分区 i 工业点源污染物许可排放分配总量 Q_0 为技术标准约束下的工业点源污染物许可排放量 DC（要国家标准）；若 RC 小于 DC，还需比较 RC 与 85%的 q_0，取二者较大值（要满足浙江地方标准）。

超排，当分区 i 的工业点源 COD 限排总量 RC 小于 0 即表示工业点源没有剩余的许可排放分配量（其他污染源正常排放情况下，即使工业点源不排放，目标区域仍然会超排），但是为了保证区域经济发展，工业点源只能分配尽可能少的排污权并且需要在现有分配基础上进行污染排放削减。所以，分区 i 工业点源 COD 许可排放分配总量取企业"工业点源满负荷生产状态下污染物排放总量"与"分配前工业点源排污权证污染物排放量"二者中的较小值。

三、行业排污权初始分配模型构建

行业分配模型主要目的是确定同区域内不同排污行业的排污权分配比重（系数）及最终各行业污染物许可排放的分配量。科学、合理的分配方案会对未来产业发展和转型升级产生积极的影响，为区域行业调整、低污染、高质量发展提供技术支撑。考虑到各水生态功能区不同类型（水质要求、发展重心不同）和水环境承载力差异（超排、不超排）影响，各个分区内的发展优势、产业结构、产业布局及政策导向等影响因素存在较大差异。通过文献以及现有数据无法精准、切实地明确，并差异化地对当地各行业的资源进行配置。因此，本节充分考虑这些影响因素并利用层次分析法（AHP）构建一个评价模型，由专家（相关学者、产业规划人员、当地政府人员等）评判打分的形式确定同区域内各个行业的分配比重（系数）以及分区内的产业导向得分数值，最终确定各个分区下不同行业的排污权。

对于行业排污权的分配，主要通过文献阅读与实地调研（企业访谈、专业征询）的方式进行指标筛选与确定。最终确定行业排污现状、社会贡献、排污绩效和产业规划 4 个不同层面的行业污染物历史排放量、就业、亩均税收、单位排污权产值以及产业导向 5 个指标因素（见表 7-19）。

表 7-19　行业分配评价指标说明以及数据来源

指标/单位	指标含义	正负向	数据来源
行业污染物历史排放量（吨/年）	目标行业的工业污染物历史排放总量	+	行业调研数据
就业（人）	目标行业带动的稳定就业量	+	行业调研数据
亩均税收（万元/亩）	亩均税收=税收/占地面积	+	行业调研数据
单位排污权产值（万元/吨）	单位排污权产值=行业总产值/某类污染物的排放量	+	行业调研数据
产业导向（分）	目标区域内各行业发展优先级别得分	+	专家评价打分

（一）排污现状层面：行业污染物历史排放量

在行业的排污权分配过程中需要考虑目标行业的污染物历史排放量，

尊重行业历史情况，保证行业正常生产活动，有效落实减排责任。对于历史排放量多的行业，体现了该行业的特征属性同时其对于环境资源的需求量大，在分配过程中仍需有所侧重。

（二）行业的社会贡献层面：就业、亩均税收

行业的社会贡献主要体现为行业给该地区带动的就业及税收效益。贡献越大的企业在资源分配中也要有所倾向。

（三）排污绩效：单位排污权产值

排污绩效能够体现各个行业绩效水准，充分体现公平性和公正性，为各个行业、企业提供一种有效的竞争机制，还体现了效率优先的原则，有利于促进区域产业结构调整和经济可持续发展，实现排污权从效率低的产业（同一区域）向排放效率高的产业转移。

（四）产业规划：产业导向

产业导向是对产业在该地区比较优势的一种判断，由当地产业规划人员、政府相关人员打分（见表7-20）。目标区域下未来将要限制、发展什么样类型的产业，充分考虑区域定位、区域产业现状和发展方向，体现区域特性，有利于促进区域产业结构调整。

表7-20　区域内各行业产业导向得分（发展优先级重要程度得分）

行业	行业1	行业2	行业…	行业n
行业得分				
［分值说明：1~9分］				
1~3　限制类行业		4~6　一般性行业		7~9　优先类行业

四、模型计算

（一）数据处理

指标正负向、无量纲化处理：对于模型中发展类指标（越大越优型，正向指标），按公式（7-5）进行归一化无量纲处理。对于限制类指标（越小越优型，负向指标）（本模型暂无），按公式（7-6）进行归一化无量纲处理。

$$r'_{ij} = \frac{r_{ij} - \min_j\{r_{ij}\}}{\max_j\{r_{ij}\} - \min_j\{r_{ij}\}} \tag{7-5}$$

$$r'_{ij} = \frac{\max_j\{r_{ij}\} - r_{ij}}{\max_j\{r_{ij}\} - \min_j\{r_{ij}\}} \tag{7-6}$$

式中，r_{ij} 表示对应指标的原始数据，r'_{ij} 表示对应指标处理后的标准化数据。

（二）指标权重

指标权重 W 的确定采用层次分析法（AHP），通过计算各个指标的权重进而确定目标分区下各行业的分配系数。

1. 建立层次结构模型

在深入分析实际问题的基础上，将各个因素按照不同属性自上而下地分解成若干层次，同层的诸因素从属于上一层的因素或对上层因素有影响。最上层为目标层，通常只有 1 个因素，其次为指标层。

2. 构造两两比较判断矩阵

层次分析法的一个重要特点就是用两两重要性程度之比的形式表示出两个指标的相应重要性程度等级。层次结构模型确定了上、下层元素间的隶属关系，对于同层各元素，以相邻上层有联系的元素为准分别两两比较。研究采用每个专家打分构成对比矩阵（见表 7-21）（N 个专家，N 个矩阵），利用比较法和 Saaty 等（2007）提出的 1~9 这 9 个数值构成的矩阵（见表 7-22）。

表 7-21　影响各行业排污权分配权重的指标重要度指数

重要程度打分	行业污染物历史排放量	就业	亩均税收	单位排污权产值	产业导向
行业污染物历史排放量	1				
就业		1			
亩均税收			1		
单位排污权产值				1	
产业导向					1

表 7-22 相对重要性的数值尺度及含义

标度值（分值）Axy	比较因素	含义
1	因素 x 与因素 y 相比	同等重要
3	因素 x 与因素 y 相比	稍微重要
5	因素 x 与因素 y 相比	明显重要
7	因素 x 与因素 y 相比	强烈重要
9	因素 x 与因素 y 相比	极端重要
2、4、6、8	因素 x 与因素 y 相比	介于上述相邻判断的中间值

3. 权重计算以及一致性检验

专家完成评价打分得到对比矩阵后，分别对每位专家的对比矩阵进行权重计算和一致性检验。

（1）权重计算。对于对比矩阵，利用特征根法，$AW = \lambda_{max}W$。其中，A 为对比矩阵，λ_{max} 为矩阵对应的最大特征值，W 为对应的特征向量。进行归一化处理记作 WA，归一化后的数值代表对应的指标权重。利用所得到的 λ_{max} 进行一致性检验。若通过一致性检验则 WA 中的数值代表对应的指标权重。

（2）一致性检验：一致性比率，$CR = \dfrac{CI}{RI}$。其中：$CI = \dfrac{\lambda - n}{n - 1}$，$RI$ 表示随机一致性指标（见表 7-23）。

表 7-23 平均随机一致性指标 RI

n	1	2	3	4	5	6	7	8	9
RI	0	0	0.58	0.9	1.12	1.24	1.32	1.40	1.43

当 $CR < 0.1$ 时即可通过检验（注：n 表示矩阵阶数，二阶矩阵必定具有一致性）。

通过权重计算以及一致性检验，对各专家得到的判断矩阵中通过一致性检验的权重利用公式（7-7）进行平均处理，得到对应指标的权重 W_i。

$$W_i = \left(\sum_{A=1}^{m} W_A \right) / m \tag{7-7}$$

式中，m 表示 n 个专家中有 m 个专家的判断矩阵通过一致性检验，$m = 1, 2, \cdots, n$。

（三）行业分配系数

通过行业各项指标处理后得到的标准数据 A_{ni} 以及指标权重 w_i，利用公式（7-8）可计算出各个行业污染物许可排放量的分配系数 w'。

$$w'_n = \frac{\sum_{i=1}^{m} w_i \cdot A_{ni}}{\sum_{i=1}^{m} \sum_{n=1}^{n} w_i \cdot A_{ni}} \tag{7-8}$$

式中，w_i 表示指标 i 的权重，A_{ni} 表示第 n 个行业指标 i 的数据，w'_n 表示目标分区内第 n 个行业计算得到的分配系数。

（四）行业排污权分配量的计算

通过计算得到各个行业排污权的分配系数，利用公式（7-9）计算目标分区下工业点源的（工业点源污染物许可分配量为 Q_0）每个行业的排污权分配量。

$$Q_{i0} = w'_i \times Q_0 \tag{7-9}$$

式中，Q_{i0} 表示行业 i 的排污权分配量，w'_i 表示行业 i 的分配系数，Q_0 表示目标分区工业点源污染物许可分配总量。

第三节　行业排污权初始分配实例

通过前文分配思路阐述与分配模型构建，本节对 Z 县重点分区的工业点源进行多层级、差异化、精细化的行业排污权分配，使得科学合理的分配方案实现行业污染排放减排，并分析行业排污权初始分配的经济效益。

一、分配对象选取

在本书第三章水环境承载力分析中将 Z 县域内划分为 7 个水生态环境功能分区，工业点源分布较广。本节选取几个代表性分区作为分配对象，目标分区选择根据重点管控区标准及区域行业特征进行划分：以人居环境保障为主的控制单元和以农产品环境保障区为主的控制单元，对于不同类型的水功能分区进行工业行业的排污权分配。

（一）以人居环境保障为主的控制单元

人居环境保障为主的控制单元指以居住、商贸为主的，城镇化发展较快及城镇总体规划中以居住、商贸、科教为主的区域。生活源的污染物主要来自居民的排放，按照 Z 县统计年鉴、《第一次污染普查城镇生活产排污系数手册》计算各分区人口以及生活源污染排放，生活源排放量比较稳定，分区居民越多生活源产生的污染量越大。经过对比，Z 县分区 3 居民最多（见图 7-3），所以选择分区 3 作为 Z 县以人居环境保障为主的控制单元作为进行工业点源行业排污权分配对象目标分区。

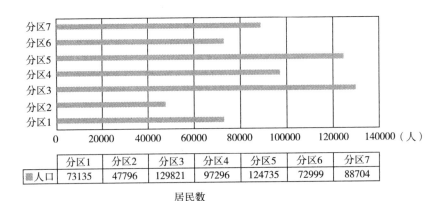

	分区1	分区2	分区3	分区4	分区5	分区6	分区7
人口	73135	47796	129821	97296	124735	72999	88704

居民数

图 7-3　Z 县各分区居民人数对比

（二）以农产品环境保障区为主的控制单元

农产品环境保障区为主的控制单元是指开发种植农产品主产区，土地利用规划中的集中地区。通过实地调研发现，Z县的和平镇为该县域典型的农产品种植地区。该地种植大量的茶树、水稻和蔬果。主要作物面积为4000亩葡萄园、5000亩芦笋、3.2万亩水稻、8.2万亩茶树。所以选择分区7（和平镇）作为Z县以农产品环境保障区为主的控制单元作为进行企业排污权分配对象目标分区。

通过上述分析，将对水功能分区3和分区7进行行业排污权初始分配。

二、各分区排污权分配总量确定

在重点分区排污权分配前，还需要确定分配情境与各分区排污权可分配量。具体工作如下：

（一）分配情境确定

通过对各个区域的水环境状况分析，可以得出：

（1）确定出分区 i 污染物限排总量 P。

（2）确定分区 i 污染物实际入河量 F。

分区 i 的实际入河量 F = 分区 i 的工业点源污染物入河量 + 农业面源污染物入河量 + 居民点源污染物入河量 + 畜禽养殖业点源污染物入河量。

（3）比较分区 i 污染物限排总量 P 与分区 i 污染物实际入河量 F。

当 P≥F 时，分区 i 不超排，分配，发放排污权。

当 P<F 时，分区 i 超排，分配，污染排放削减。

各分区不同时期下主要污染物水环境承载力状态结果如表7-24所示。

表7-24　分区不同时期水环境承载力状态一览

状态 时期	分区3		分区7	
	COD	NH₃-N	COD	NH₃-N
全年	不超排	不超排	不超排	不超排
丰水期	不超排	不超排	不超排	不超排

续表

状态 时期	分区3		分区7	
	COD	NH_3-N	COD	NH_3-N
平水期	不超排	不超排	不超排	不超排
枯水期	不超排	超排	不超排	不超排

（二）排污权分配总量确定

工业点源不同时期不同污染物的许可排放分配总量确定方式已在上文详细阐述，各关键因素数据如表7-25和表7-26所示。

表 7-25　工业点源 COD 许可排放分配总量模型关键因素统计

单位：吨

分区	水期	剩余量 R	实际排放 qi	行业标准 D	实际排放×85%	原许可证 QL
分区3	丰水期	84.3685	6.6603	20.2494	5.6612	43.1392
	平水期	51.9178	6.4643	20.0494	5.4946	43.1392
	枯水期	38.3403	6.3623	19.9494	5.4079	43.1392
分区7	丰水期	247.5071	2.5819	5.1013	2.1946	122.0330
	平水期	171.5358	2.2731	5.1013	1.9322	122.0330
	枯水期	129.9190	2.2331	5.1013	1.8981	122.0330

表 7-26　工业点源 NH_3-N 许可排放分配总量模型关键因素统计

单位：吨

分区	水期	剩余量 R	实际排放 qi	行业标准 D	实际排放×85%	原许可证 QL
分区3	丰水期	1.4889	0.3209	2.4414	0.2727	2.2883
	平水期	0.2347	0.2809	2.4414	0.2387	2.2883
	枯水期	<0	0.1721	2.4414	0.2211	2.2883
分区7	丰水期	8.3937	0.2980	0.7742	0.2533	13.8926
	平水期	5.4404	0.2952	0.7742	0.2509	13.8926
	枯水期	3.5895	0.2759	0.7742	0.2345	13.8926

经过工业点源污染物许可排放分配总量确定模型计算与分析，各分区

不同时期不同污染物的许可排放分配总量 Q_0 结果如表 7-27 所示。

表 7-27　不同时期污染物许可排放分配总量 Q_0 　　　　　单位：吨

指标 时期	分区 3		分区 7	
	COD	NH_3-N	COD	NH_3-N
全年	60.2482	1.9877	15.3038	2.3227
丰水期	20.2494	1.4889	5.1013	0.7742
平水期	20.0494	0.2387	5.1013	0.7742
枯水期	19.9494	0.1721	5.1013	0.7742

三、分区 3 行业排污权初始分配

（一）基础数据

分区 3 主要由龙山街道、雉城街道和太湖街道组成。共有人口 130072 人，控制断面为蝴蝶桥、红旗闸、新塘和合溪新港桥；纳污水体有长兴港、合溪新港、北塘港、北横港、黄土桥港、张王塘港；该区枯水期 NH_3-N 超排，超载总量为 0.4444 吨。该目标区域下共有 ＊＊金三发 ＊＊＊ 有限公司等 7 家重点涉水企业，分布于纺织业，医药制造业，纺织服装、服饰业，食品制造业 4 个不同的行业。分区 3 行业的行业污染物历史排放量、就业、亩均税收、单位排污权产值以及产业导向近三年的平均数据（2017~2019 年）如表 7-28 所示。

表 7-28　分区 3 行业数据

指标 行业	行业污染物历史 排放量（吨/年）		就业 （人）	亩均 税收 （万元/ 亩）	单位排污权产值（万元/吨）		产业 导向 （分）
	COD	NH_3-N			COD	NH_3-N	
化纤织物染整精加工	9.0950	0.3123	390	32.9353	34499.3707	3867985.5094	7
医药制造业	1.1500	0.2304	290	1.9733	13043.47826	65104.1667	6
纺织服装、服饰业	5.3166	0.0471	977	25.7143	4519.147576	510116.7728	4
食品制造业	1.0212	0.0080	150	10.0000	7148.452801	912500.0000	4

（二）行业分配量

由上述分析可知，分区 3 共有纺织业，医药制造业，纺织服装、服饰业，食品制造业 4 个不同的行业。利用本章介绍的层次分析法确定权重对该地区的行业进行排污权分配。分区 3 工业点源污染物许可排放分配量为：COD 分配量 60.2482 吨/年、丰水期 20.2494 吨/年、平水期 20.0494吨/年、枯水期 19.9494 吨/年；NH_3-N（氨氮）分配量 1.8997 吨/年、丰水期 1.4889 吨/年、平水期 0.2387 吨/年、枯水期 0.1721 吨/年。

1. 权重计算

本书中的行业层面排污权分配由专家（当地产业规划人员 2 人、排污权交易中心人员 2 人、建设局城乡建设管理人员 2 人）进行各项指标权重与地区产业导向打分，得到产业导向得分（见表 7-29）与指标权重（见表 7-30）。

表 7-29　分区 3 产业导向得分（发展优先级重要程度得分）　单位：分

行业	化纤织物染整精加工	医药制造业	纺织服装、服饰业	食品制造业
行业得分	7	6	4	4
［分值说明：1~9 分］				
1~3　限制类行业		4~6　一般性行业		7~9　优先类行业

表 7-30　分区 3 行业分配指标权重（专家打分结果）

专家打分	行业污染物历史排污量	就业	亩均税收	单位排污权产值	产业导向
行业指标权重	0.25	0.16	0.23	0.20	0.16

经各位专家讨论打分，得到如下结论，即分区 3 的产业导向为优先发展 Z 县的特色行业化纤织物染整精加工业，其后是医药制造业，纺织服装、服饰业，食品制造业。

通过层次分析法进行专家评判、计算后，各行业分配的各项指标权重行业污染物历史排污量、就业、亩均税收、单位排污权产值、产业导向的平均值分别为 0.25、0.16、0.23、0.20、0.16。即根据分区 3 的水环境状态（水环境状态良好，环境质量基本处于达标状态）以及分区发展规划等，分区3仍以经济发展为主兼顾环境保护。在排污权分配时所需考虑指标的重要程度为：行业污染物历史排污量>亩均税收>单位排污权产值>产业导向＝就业。

2. 行业排污权分配量

通过对行业数据进行归一化处理后，利用公式（7-5）和公式（7-6）分别计算出行业COD、NH_3-N的排污权分配系数与不同时期的分配量（见表7-31）。

表7-31　分区3行业不同时期的排污权分配量结果

分区3行业	分配系数		COD分配量（吨/时期）				NH_3-N分配量（吨/时期）			
	COD	NH_3-N	丰水期	平水期	枯水期	全年	丰水期	平水期	枯水期	全年
化纤织物染整精加工	0.5523	0.5221	11.1836	11.0731	11.0179	33.2745	0.7773	0.1246	0.0899	0.9918
医药制造业	0.1105	0.1864	2.2377	2.2156	2.2046	6.6579	0.2775	0.0445	0.0321	0.3541
纺织服装、服饰业	0.2924	0.2306	5.9217	5.8632	5.8339	17.6187	0.3433	0.0550	0.0397	0.4380
食品制造业	0.0448	0.0609	0.9065	0.8975	0.8930	2.6970	0.0907	0.0145	0.0105	0.1157
总计	1	1	20.2494	20.0494	19.9494	60.2482	1.4889	0.2387	0.1721	1.8997

四、分区7行业排污权初始分配

（一）基础数据

分区7由和平镇组成，共有人口58132人。该区控制断面为荆湾、吴山渡、胥仓桥、南潘（和平镇）；纳污水体为西苕溪、和平港、青山港、晓墅港；该分区水环境状态良好，各时期的污染物未超排，在水资源允许的条件下可以扩大经济发展。工矿企业主要以铅蓄电池制造行业、金属制造业、药剂材料制造业 3 个行业为主。分区 7 的行业污染物历史排污量、就业、亩均税收、单位排污权产值等指标近三年的平均数据（2017～2019年）如表 7-32 所示。

表 7-32　分区 7 行业数据表

指标 行业	行业污染物历史排放量（吨/年）		就业 （人）	亩均税收 （万元/亩）	单位排污权产值（万元/吨）		产业导向 （分）
	COD	NH₃-N			COD	NH₃-N	
铅蓄电池制造业	5.1463	0.6454	2230	448.16	1382034.17	11333630.75	7
金属制造业	0.6087	0.0701	40	2.5194	8214.227	71326.6762	5
药剂材料制造业	1.3331	0.1536	130	6.5455	8626.5096	74869.7917	4

（二）行业分配量

分区 7 共有铅蓄电池制造行业、金属制造业、药剂材料制造业 3 个重点涉水行业。该分区水环境未出现超排情况，且水资源良好。通过前文研究确定分区 7 工业点源污染物许可排放分配总量为：COD 分配量 15.3038 吨/年、丰水期 5.1013 吨/年、平水期 5.1013 吨/年、枯水期 5.1013 吨/年；NH_3-N（氨氮）分配量 2.3227 吨/年、丰水期 0.7742 吨/年、平水期 0.7742 吨/年、枯水期 0.7742 吨/年。

1. 权重计算

本书中的行业层面排污权分配由专家（当地产业规划人员 2 人、排污权交易中心人员 2 人、建设局城乡建设管理人员 2 人）进行各项指标权重与地区产业导向打分，得到产业导向得分（见表 7-33）与指标权重（见表 7-34）。

表 7-33　分区 7 产业导向得分（发展优先级重要程度得分）　单位：分

行业	铅蓄电池制造业	金属制造业	药剂材料制造业
行业得分	7	5	4

续表

行业	铅蓄电池制造业	金属制造业	药剂材料制造业
[分值说明：1~9分]			
1~3　限制类行业	4~6　一般性行业		7~9　优先类行业

表7-34　分区7行业分配指标权重（专家打分结果）

专家打分	行业污染物历史排污量	就业	亩均税收	单位排污权产值	产业导向
行业指标权重	0.23	0.15	0.28	0.2	0.14

经各位专家讨论打分，得到如下结论：分区7水环境状态良好，在水资源允许条件下应以经济发展为主同时兼顾水环境保护。所以，在分配排污权资源时，应当侧重考虑那些经济效益好的企业，在排污权分配时所需考虑指标的权重程度为：亩均税收>行业污染物历史排污量>单位排污权产值>就业>产业导向。

2. 行业排污权分配量

对行业各项指标数据进行归一化处理后，计算得出行业 COD、NH_3-N 的排污权分配系数与不同时期下的分配量（见表7-35）。

表7-35　分区7行业不同时期下的排污权分配量结果

分区7行业	分配系数		COD分配量（吨/时期）				NH_3-N分配量（吨/时期）			
	COD	NH_3-N	丰水期	平水期	枯水期	全年	丰水期	平水期	枯水期	全年
铅蓄电池制造业	0.9156	0.9184	4.6709	4.6709	4.6709	14.0127	0.7111	0.7111	0.7111	2.1333
金属制造业	0.0427	0.0429	0.2180	0.2180	0.2180	0.6539	0.0332	0.0332	0.0332	0.0996
药剂材料制造业	0.0416	0.0387	0.2124	0.2124	0.2124	0.6372	0.0300	0.0300	0.0300	0.0899
总计	1	1	5.1013	5.1013	5.1013	15.3038	0.7742	0.7742	0.7742	2.3227

239

第八章

基于 ZSG-DEA 模型的企业
排污权初始分配

　　企业既是污染的合理性排放的主体，也是排污权交易的主要参与者。初始排污权在企业间分配不仅影响企业生产经营活动，还会对排污权交易的活跃性和有效性产生直接影响，是排污权交易顺利实施的重要保障因素。本章在前述行业分配的基础上，进一步选取分区 2 化纤染整精加工行业中的 17 家企业为分配对象，通过 ZSG-DEA 模型对企业 COD 排放权分配效率进行评价分析。在行业分配总量控制的目标约束下，根据效率评价结果对企业 COD 排放权分配量进行调整，直到所有企业均实现效率值为 1。

第一节　企业分配模型构建

　　DEA 方法即数据包络方法是以相对效率概念为基础，根据多指标投入和多指标产出对相同类型的决策单元进行相对有效性评价的一种非参数系统分析方法（Charnes et al.，1978）。DEA 方法中的第一个模型是 Charnes 和 Cooper 提出规模报酬不变的 CCR 模型。但很多情况下，决策单元在各项投入产出与技术效率上有所差异，不能满足规模不变假设，因此，满足规模报酬变动假设的 BCC 模型应运而生（Banker et al.，1984）。此后，有大量学者对 DEA 模型做出了创新，但都以 CCR 和 BCC 模型为模型。此外，根据决策者在投入和产出方面的诉求，DEA 模型又可分为投入导向型和产出导向型，其中投入导向型强调产出不变时，投入最小化，产出导向型则强调投入不变时，产出最大化。总量控制下的企业 COD 排放权分配，并不符合规模报酬不变的假设，且 COD 排放权为投入指标，因此本章选用投入导向 DEA-BCC 模型及以其为基础的 ZSG-DEA 模型。

一、DEA-BCC 模型

假设评价系统共有 P 个同类型的决策单元，每个决策单元均有 M 个投入指标和 N 个产出指标，建立投入导向 DEA-BCC 模型如下：

$$\text{Min}\alpha_0$$

$$\text{s. t.} \begin{cases} \sum_{k=1}^{P} \lambda_k x_{ki} \leq \alpha_0 x_{0i}, & i = 1, 2, \cdots, M \\ \sum_{k}^{P} \lambda_k y_{kj} \geq y_{0j}, & j = 1, 2, \cdots, N \\ \sum_{k}^{P} \lambda_k = 1, & k = 1, 2, \cdots, P \\ \lambda_k \geq 0, & k = 1, 2, \cdots, P \end{cases} \tag{8-1}$$

式中，α_0 为决策单元（DMU_0）的相对效率值，λ_k 为决策单元 k 对理想决策单元的组成比例，x_{ki} 表示决策单元 k 的第 i 个投入值，y_{kj} 表示决策单元 k 的第 j 个产出值。

二、ZSG-DEA 模型

在投入导向 ZSG-DEA 模型中，当其评价的决策单元 DMU_0 的效率值 $\beta_0 < 1$ 时，为了实现 DEA 有效，需要削减 x_{0i} 的投入，削减量为 $x_{0i}(1-\beta_0)$，并将其按比例分配给其他决策单元，分配量计算表达式如下：

$$\frac{x_{ki}}{\sum_{k \neq 0}^{P} x_{ki}} \times x_{0i}(1 - \beta_0) \tag{8-2}$$

式中，x_{0i} 为决策单元 DMU_0 的第 i 项投入，x_{ki} 为决策单元 DMU_k 的第 i 项投入。

对于决策单元 DMU_k 而言，其投入 i 的调整值由两部分组成：一是来自其他决策单元的削减量的分配量；二是自身为实现 DEA 有效的削减量，计算表达式如下：

$$x'_{ki} = \sum_{k \neq 0}^{P} \left[\frac{x_{ki}}{\sum\limits_{k \neq 0}^{P} x_{ki}} \times x_{0i}(1 - \beta_0) \right] - x_{ki}(1 - \beta_k) , \quad k = 1, 2, \cdots, P$$

$$(8-3)$$

基于此，建立 ZSG-DEA 模型，表达式如下：

$\text{Min}\beta_0$

$$\text{s.t.} \begin{cases} \sum\limits_{k=1}^{P} \lambda_k x_{ki} \left[1 + \dfrac{x_{0i}(1 - \beta_0)}{\sum\limits_{k \neq 0}^{P} x_{ki}} \right] \leqslant \alpha_0 x_{0i}, \quad i = 1, 2, \cdots, M \\[4mm] \sum\limits_{k}^{P} \lambda_k y_{kj} \geqslant y_{0j}, \quad j = 1, 2, \cdots, N \\[4mm] \sum\limits_{k}^{P} \lambda_k = 1, \quad k = 1, 2, \cdots, P \\[4mm] \lambda_k \geqslant 0, \quad k = 1, 2, \cdots, P \end{cases} \quad (8-4)$$

三、指标选择

合理的投入产出指标体系下实现 DEA 有效的排放权分配是公平的，为了制定合理的投入产出指标体系，本书借鉴了大量现有的排污权分配的研究成果作为指标选取依据，如表 8-1 所示。

表 8-1　现有研究成果的指标选取情况

文献	评价对象	投入指标	产出指标	方法
林坦和宁俊飞（2011）	欧盟各国	碳排放权	GDP、能源消费量和人口	ZSG-DEA
郑立群（2012）	中国 30 个省份	碳排放量	GDP、能源消费量和人口	ZSG-DEA

续表

文献	评价对象	投入指标	产出指标	方法
苗壮等（2013）	中国 30 个省份	能源消耗量、人口数量和资本存量	GDP 和碳排放量	ZSG-DEA
叶维丽等（2014）	南京 280 家企业	工业新鲜用水量、用电量、废水治理设施运行费、工业废水排放量和工业废水 COD 排放量	工业总产值	DEA-BCC
潘伟等（2015）	我国 6 大行业	碳排放量	GDP 和能源消耗量	ZSG-DEA
傅京燕和黄芬（2016）	中国 30 省份	CO_2 排放量	GDP 和人口数量	ZSG-DEA
王勇等（2017）	中国 30 省份	二氧化碳排放量	人口、能源耗费和地区 GDP	ZSG-DEA
钟蓉等（2018）	上海 6 大行业	碳排放量	GDP 和能源消耗量	ZSG-DEA
孙耀华等（2019）	中国 30 省份	碳排放量	GDP、能源消费量和人口	ZSG-DEA
李建豹等（2020）	江浙沪地区城市	二氧化碳排放量	国内生产总值、常住人口和能源消费	ZSG-DEA
赵良仕等（2021）	中国 31 个省份	水足迹	GDP、灰水足迹、生活指数	ZSG-DEA

参考以上指标选取情况，依据"非期望产出作投入法"将 COD 排放量记为 COD 排放权，作为唯一投入指标，同时选取了企业产值、就业人数和水资源消耗量作为产出指标。根据投入导向的 DEA 模型及效率的概念，可理解为在产出即企业产值、就业人数和水资源消耗量相同的情况下，COD 排放量越少则效率越好。

第二节　企业排污权初始分配实例

Z 县重点涉水企业集中在分区 2，都为化纤织物染整精加工业，工业较为发达。同时，Z县污染物COD排放量69%集中在该分区，生态环境问题凸显，区域持续发展受到威胁，迫切需要产业转型升级。因此，选取Z县分区2的COD排放权为分配对象。

一、数据来源及处理

通过实地调研、访谈和问卷的方式获取Z县分区2的17家化纤织物染整精加工企业2018年的COD排放量、企业产值、就业人数和水资源消耗量投入产出指标的数据，其统计特征如表8-2所示，并以17家企业的COD排放总量作为化纤织物染整精加工业的COD排放权分配总量，其值为167.935吨。

表8-2 指标数据的统计特征

指标	数量	均值	中位数	最大值	最小值	标准差
COD排放权	17	9.879	10.030	17.012	0.183	4.913
企业产值	17	13929.749	12700.000	37998.000	2426.000	9012.047
就业人数	17	257	240	500	70	123
水资源消耗量	17	280931.529	245025.000	609565.000	22965.000	163332.804

二、分配结果分析

（一）传统DEA模型的计算结果及分析

以Excel规划求解功能和VBA编码为工具，运用DEA-BCC模型对Z县17家化纤染整精加工企业的分配效率进行计算，并根据效率值和松弛变量调整COD排放权分配量，直到第四次调整后所有企业的效率值均为1，计算结果如表8-3所示。

表8-3 2018年DEA-BCC模型的COD排放权分配效率及其削减后分配量

企业	初始COD排放权	初始效率值	第一次调整	效率值	第二次调整	效率值	第三次调整	效率值	第四次调整	效率值
1	10.028	1.000	10.028	1.000	10.028	1.000	10.028	1.000	10.028	1.000
2	8.732	0.213	1.860	0.591	1.099	1.000	1.099	1.000	1.099	1.000

续表

企业	初始COD排放权	初始效率值	第一次调整	效率值	第二次调整	效率值	第三次调整	效率值	第四次调整	效率值
3	16.813	0.811	13.643	1.000	13.643	1.000	13.643	1.000	13.643	1.000
4	16.118	1.000	16.118	1.000	16.118	1.000	16.118	1.000	16.118	1.000
5	16.544	0.375	6.200	1.000	6.200	1.000	6.200	1.000	6.200	1.000
6	13.053	1.000	13.053	1.000	13.053	1.000	13.053	1.000	13.053	1.000
7	10.606	0.291	3.085	1.000	3.085	1.000	3.085	1.000	3.085	1.000
8	4.563	0.163	0.742	1.000	0.742	1.000	0.742	1.000	0.742	1.000
9	17.012	0.767	13.053	1.000	13.053	1.000	13.053	1.000	13.053	1.000
10	6.949	0.504	3.500	1.000	3.500	1.000	3.500	1.000	3.500	1.000
11	10.065	1.000	10.065	1.000	10.065	1.000	10.065	1.000	10.065	1.000
12	1.424	1.000	1.424	1.000	1.424	1.000	1.424	1.000	1.424	1.000
13	7.488	0.155	1.160	1.000	1.160	1.000	1.160	1.000	1.160	1.000
14	0.183	1.000	0.183	1.000	0.183	1.000	0.183	1.000	0.183	1.000
15	17.028	0.369	4.071	1.000	4.071	1.000	4.071	1.000	4.071	1.000
16	10.030	0.106	1.064	1.000	1.064	1.000	1.064	1.000	1.064	1.000
17	7.299	0.675	4.928	0.491	2.421	0.992	2.401	0.939	2.255	1.000
合计	167.935	—	104.176	—	100.908	—	100.887	—	100.741	—
均值	—	0.613	—	0.946	—	1.000	—	0.996	—	1.000

由表 8-3 第 3 列可知，17 家企业的初始效率值差距很大，均值为 0.613，其中有 6 家企业达到了最高效率值 1.000。此外，有 4 家企业的初始效率值低于 1.000 但均高于 0.500，属于中等偏上的水平，其中企业 3 和企业 9 的初始效率均在 0.750 之上，距离有效边界较近。其他 7 家企业的初始效率值均低于 0.400，其中效率最低的是企业 16，其初始效率值只有 0.106，属于极低水平，距离 DEA 有效的差距较大。通过对比初始 COD 排放权和第四次调整的 COD 排放权可知，COD 排放权总量由 167.935 减少到了 100.741，共削减了 67.194 吨 COD 排放权，削减率达到了 40.0%。由此可见，原始 DEA-BCC 模型虽然能够根据效率值和松弛变量调整 COD 排放权分配量，得到了产出不变情况下的最低 COD 排放权分配量，有效减

少 COD 的排放，但显然没有考虑到地区和企业的实际状况，也不符合排污权分配中总量控制的目标，不具备可实现性。因此，需要运用能够实现总量控制的 ZSG-DEA 模型重新对企业的 COD 排放权进行效率评价和优化分配。

（二）ZSG-DEA 模型的优化分配结果及分析

采用等比例削减法，运用 ZSG-DEA 模型对 Z 县 17 家化纤织物染整精加工企业的 COD 排放权进行重新评价和优化分配。根据原始分配结果和初始效率值及公式（8-3）确定企业调整 COD 排放权投入量，通过多次迭代，直到所有企业均实现 DEA 有效，迭代过程及计算结果如表 8-4 所示。

表 8-4　ZSG-DEA 模型的 COD 排放权分配迭代结果及其效率值

企业	初始 COD 排放权	初始 效率值	第一次 迭代 COD 排放权	效率值	第二次 迭代 COD 排放权	效率值	第三次 迭代 COD 排放权	效率值	第四次 迭代 COD 排放权	效率值
1	10.028	1.000	14.172	1.000	16.219	1.000	16.705	1.000	16.717	1.000
2	8.732	0.131	6.008	0.263	2.313	0.767	1.835	0.992	1.822	1.000
3	16.813	0.827	20.430	0.947	22.242	0.993	22.732	1.000	22.744	1.000
4	16.178	1.000	22.684	1.000	26.071	1.000	26.851	1.000	26.871	1.000
5	16.544	0.399	12.259	0.727	10.480	0.959	10.341	0.999	10.336	1.000
6	13.053	1.000	18.369	1.000	21.173	1.000	21.744	1.000	21.760	1.000
7	10.606	0.305	7.052	0.626	5.351	0.935	5.149	0.998	5.143	1.000
8	4.563	0.166	2.512	0.419	1.406	0.854	1.242	0.995	1.237	1.000
9	17.012	0.786	19.886	1.000	22.856	0.933	21.778	0.999	21.760	1.000
10	6.949	0.514	6.259	0.793	5.850	0.969	5.837	0.999	5.836	1.000
11	10.065	1.000	14.164	1.000	16.280	1.000	16.767	1.000	16.779	1.000
12	1.424	1.000	2.004	1.000	2.303	1.000	2.372	1.000	2.374	1.000
13	7.488	0.161	3.961	0.418	2.191	0.858	1.940	0.995	1.933	1.000
14	0.183	1.000	0.258	1.000	0.297	1.000	0.306	1.000	0.306	1.000
15	17.028	1.000	8.262	0.704	6.924	0.953	6.791	0.999	6.786	1.000
16	10.030	0.172	4.643	0.329	2.130	0.810	1.783	0.994	1.773	1.000
17	7.299	0.318	5.071	0.633	3.908	0.934	3.763	0.998	3.758	1.000

企业	初始 COD 排放权	初始效率值	第一次迭代 COD 排放权	效率值	第二次迭代 COD 排放权	效率值	第三次迭代 COD 排放权	效率值	第四次迭代 COD 排放权	效率值
合计	167.935	—	167.935	—	167.935	—	167.935	—	167.935	—
均值	—	0.631	—	0.756	—	0.939	—	0.998	—	1.000

由表 8-4 可知，ZSG-DEA 模型的初始效率平均值与传统 BCC 模型相比，从 0.613 提高到了 0.631。同时，17 家企业的初始效率值有 15 家企业的初始效率值得到了提高，只有企业 2 和企业 17 有所下降。通过 4 次迭代，各企业效率值均得到了提升，并最终达到了最高效率值 1.000，且迭代过程中 COD 排放权的总量始终保持在 167.935，实现了总量控制的目标。

将初始 COD 排放权与经由 ZSG-DEA 模型优化分配后的 COD 排放权进行对比，可得到各企业实现 DEA 有效的 COD 排放权调整值及调整幅度，结果如表 8-5 所示。

表 8-5　COD 排放权调整值及调整幅度

企业	初始 COD 排放权分配量	COD 排放权分配量（ZSG-DEA）	调整值	调整幅度
1	10.028	16.717	6.689	66.7%
2	8.732	1.822	−6.910	−79.1%
3	16.813	22.744	5.931	35.3%
4	16.178	26.871	10.752	66.7%
5	16.544	10.336	−6.208	−37.5%
6	13.053	21.760	8.707	66.7%
7	10.606	5.143	−5.462	−51.5%
8	4.563	1.237	−3.327	−72.9%
9	17.012	21.760	4.748	27.9%
10	6.949	5.836	−1.173	−16.0%
11	10.065	16.779	6.714	66.7%

续表

企业	初始 COD 排放权分配量	COD 排放权分配量（ZSG-DEA）	调整值	调整幅度
12	1.424	2.374	0.950	66.7%
13	7.488	1.933	−5.555	−74.2%
14	0.183	0.306	0.122	66.7%
15	17.028	6.786	−4.242	−38.5%
16	10.030	1.773	−8.257	−82.3%
17	7.299	3.759	−3.540	−48.5%
合计	167.935	167.935	0.000	0.0%

由表 8-5 可知，各企业优化分配后 COD 排放权较初始 COD 排放权产生了一定的变化。共有 8 家企业的 COD 排放权得到了增加，其余 9 家企业的 COD 排放权则进行了削减。其中，企业 4 增加的排放权分配量最多，为 10.752 吨，最终的 COD 排放权分配量也是所有企业中最高的，达到了 26.871 吨。企业 16 则是所有企业中 COD 排放权分配量削减最多的，为 8.257 吨。根据第 4 列的调整幅度可知，共有 6 家企业的 COD 排放权在原有基础上增加了超过 65.0%，分别是企业 1、企业 4、企业 6、企业 17、企业 12 和企业 14。此外，企业 3 和企业 9 的 COD 排放权也得到了增加，增加比例分别为 35.3% 和 27.9%。另外的 9 家企业调整幅度均为负数，其中有 5 家企业的 COD 排放权削减超过 50.0%，分别是企业 2、企业 7、企业 8、企业 13 和企业 16，其余的 4 家企业 COD 排放权削减比例则均不低于 50.0%。

通过 ZSG-DEA 模型实现 COD 排放权优化分配后，企业产值及就业人数预计变化如表 8-6 所示。

表 8-6　企业产值及就业人数变化

企业	企业产值（万元）	优化分配后企业产值（万元）	就业人数（人）	分配后就业人数（人）
1	30000.00	50010.97	400	667

续表

企业	企业产值（万元）	优化分配后 企业产值（万元）	就业人数（人）	分配后就业人数 （人）
2	10898.34	2274.02	180	38
3	17870.50	24174.55	280	379
4	21000.00	35009.99	235	392
5	13970.00	8727.87	335	209
6	37998.00	63344.56	500	834
7	15000.00	7273.71	260	126
8	2426.00	657.67	80	22
9	14631.00	18714.47	500	640
10	11280.00	9473.32	270	227
11	12700.00	21171.71	320	533
12	18000.00	30008.43	220	367
13	5526.50	1426.65	100	26
14	3873.40	6476.83	70	117
15	6432.00	3957.88	200	123
16	6800.00	1202.03	175	31
17	8400.00	4326.02	240	124
合计	236805.74	288230.68	4365	4853

由表 8-6 可知，企业 COD 排放权经由 ZSG-DEA 模型优化分配后，除企业 2、企业 5、企业 7、企业 8、企业 10、企业 13、企业 15、企业 16 和企业 17 外，其余企业的产值和就业人数均实现了增长，且 17 家企业的总产值增加了 51424.95 万元，就业人数预计增加 488 人。这说明，ZSG-DEA 分配模型下的企业 COD 排放权分配方案可实现在污染排放总量控制的同时，将资源倾斜于效率高的企业，助其发展，带动地区经济发展，增加就业。

（三）发展建议

1. 从政府角度而言

首先，可以将本书提出的 ZSG-DEA 模型的研究思路和优化分配结果作为科学依据，尽快改进企业的 COD 排放权分配方案，实现公平有效的排放权分配，提升企业的减排动机，倒逼低效率企业改善生产和污染治理技术，提高企业资源利用效率，促进地区经济与生态的协同发展。其次，要建立健全排污权交易的政策和法律法规，保证企业在进行排污权交易时能够有政策指引，有法律保障，从而促进排污权交易的顺利开展，提高企业的减排积极性，有效控制污染排放总量。最后，要加大科研投入，促进生产技术和污染治理技术的革新，鼓励企业引进先进技术和管理模式，实现绿色生产和污染减排。

2. 从企业角度而言

优胜劣汰是市场的常态，对于面临 COD 排放权削减的企业，为了实现企业的长期可持续发展，避免在竞争中被市场淘汰，企业的污染减排和治理势在必行。在短期内，对于环保成本较高的企业，想要维持或拓展其生产经营规模，就必须从排污权交易市场中购入 COD 排放权，但这增加了企业的排污成本，使其在市场竞争中处于劣势，不利于企业的长期发展；对于环保成本较低的企业，其在减排中所花费的资金明显低于从市场上购入 COD 排污权，应实行减排措施，如优化生产流程、购入净水装置等是其短期内的最优选择。长期而言，为了响应国家减排政策，也为了实现企业的可持续发展，企业需要根据 COD 排放权分配额，逐渐调整其生产经营的规模和模式，改善企业的生产和污染治理技术，提高排污权的使用效率。对于 COD 排放权增加的企业，其排污权使用效率优于行业的平均水平，在短期内，企业可以通过排污权交易市场将剩余的排污权售出，转化为资本，获得收益。长期而言，除排污权交易，还可以根据企业生命周期和规模报酬状况，考虑是否扩大生产，增加市场占有率。虽然这样将会增加对当地同行业企业的减排压力，但也能够促进行业的转型升级，提高化纤织物染整精加工行业整体的排污权使用效率。

三、总结

本章首先通过 DEA-BCC 模型对 Z 县分区 2 的 17 家化纤织物染整精加

工企业 COD 排污权分配进行了效率评价，发现评价结果并不理想，根据效率值和松弛变量对 COD 排放权投入进行调整，虽然最终能够实现 DEA 有效，但 COD 排放权总量削减了 40.0%，不符合总量控制的要求。因此，为了实现总量控制的目标，构建了 ZSG-DEA 模型对企业的 COD 排放权进行了重新评价和优化分配，最终在企业 COD 排放权总量保持不变的同时实现了 DEA 有效，得到的主要结论有：

（1）各企业在传统 DEA-BCC 模型下的初始效率值差距较大，其中，有 6 家企业达到了最高效率值 1，位于数据包络前沿面上；有 7 家企业的初始效率值低于 0.400，其中效率最低的是企业 16，其初始效率值只有 0.106。同时，DEA-BCC 模型下 COD 排放权的最终调整结果中，有超过半数的企业的 COD 排放权面临削减，说明 Z 县化纤织物染整精加工企业原本的 COD 初始排放权分配不合理，亟须调整。

（2）从 ZSG-DEA 模型对企业 COD 排放权的优化分配结果来看，各企业的 COD 排放权调整空间很大。同时，分配结果充分体现了公平和效率原则，对投入产出水平较好的企业而言，如企业 1、企业 4、企业 6、企业 17、企业 12 和企业 14，其 COD 排放权的增加比例超过了 65.0%，富余排污权可用于排污权交易并转化为资本，或扩大生产规模，增加市场占有率；而对于投入产出水平较差的企业，如企业 2、企业 7、企业 8、企业 13 和企业 16，其 COD 排放权的削减比例超过 50.0%，为了实现企业的长期可持续发展，避免在竞争中被市场淘汰，企业必须从排污权市场购入 COD 排放权，实施减排措施。

第九章
结论与展望

第一节　结论启示

　　本书基于生态现代化理论、水环境承载力理论、环境资源产权理论，主要探讨了在我国经济高质量发展阶段，如何基于县域水环境承载力评估结果实现以排污权分配为抓手的区域水环境差异化、精细化管理的现实问题，以及由此延伸出的科学问题：如何评估平原河网地区水环境承载力？如何将水环境承载力与排污权结合起来，其与经济社会及生态环境之间的具体作用机制？如何设计县域内排污权分级分配方案，以实现县域经济环境协调发展。具体研究结果如下：

　　在参考大量国内外文献的基础上结合 Z 县发展现状及特点，构建了以"驱动力—压力—状态—响应—效益"为主线的评估指标体系框架，利用频度统计法与专家咨询法初选了 31 个与 Z 县水环境承载力相关的评估指标，结合定性分析法和定量分析法对初选指标进行筛选，最终确定 20 个指标构建适用于 Z 县水环境承载力评估的指标体系。利用层次分析法确定了 Z 县水环境承载力评估指标体系中的 20 个指标权重，结合各指标标准化处理的结果计算出水环境承载力评估值，根据评估值的大小分析其发展的优劣程度，结果表明：2010~2018 年 Z 县水环境承载力水平总体呈波动上升趋势，综合评估值由 2010 年的 0.573 增加到 2017 年的 0.701，增幅达 22.34%，但 2015 年和 2018 年水环境承载力处于超载状态，主要原因是出境断面水质达标率未达到 100%。对各指数的承载水平进一步分析，Z县水环境承载力的提高主要依靠驱动力指数、压力指数、响应指数和效益指数承载水平的提升，状态指数承载水平仍有较大发展空间。对 Z 县各水生态功能分区的水环境承载力评估分析发现，2018 年 Z 县各分区水环境承载力区域差异明显，分区 3、分区 4 和分区 6 水环境承载力在 0~0.5，处于超载状态；分区 2、分区 5 和分区 7 水环境承载力在 0.5~0.7，处于临界超载状态；分区 1 水环境承载力在 0.7~1.0，处于未超载状态。分区 3和分区 6 水环境承载力超载是由于出境断面水质未达标，分区 4 水环境承载力超载主要原因是效益指数和状态指数偏低。对 Z 县各分区丰水期、平水期、枯水期等不同时期的水环境承载力结果进行分析，发现分区 1、分区 2、分区 4 和分区 5 在各水期的水环境承载力状态变化不显著，分区 3、分区 6 和分区 7 在各水期的水环境承载力状态变化较为明显，其原因主要是受水量（水资源开发利用率）影响（分区 3 和分区 6）、施肥影响（分区 7，季节性施肥差异明显）。

从系统的角度关联区域生态和经济的关系，在水环境承载力约束下，以 2012~2030 年为系统仿真区间，对 Z 县排污权分配进行系统仿真，结果表明 Z 县行业 1 和行业 2 能够达到的 GDP 分别为 232.2 亿元和 289.7 亿元，而实际的 GDP 为 275.38 亿元和 309.8 亿元，显然超出了能够达到的产值，水环境承载力情况不容乐观，在此基础上，通过设定 27 个政策干预点，并将政策干预点基于"控污、治污、扩容"三个方面归结为 3 种模式，设计出 8 个方案，方案仿真结果表明，虽然每个方案都提升了经济的发展以及改善了生态、水环境（其中方案七水生态的改善效果最好），但是实施单个方案提升之后的产值还是低于 Z 县行业实际的产值，不足以支撑 Z 县经济的发展。因此需要通过组合方案的实施提升经济发展的上限，因此设计了一个基于所有 7 个方案的综合方案，综合方案仿真结果表明，行业 1 所能达到的产值较初始模型提升了 20.07%，行业 2 所能达到的产值提升了 12.01%，并且超出了 Z 县当前的产值，同时改善了生态和水环境，突破了 Z 县基于水环境承载力的经济发展瓶颈，提升了经济发展的上限，实现了绿色经济和生态文明建设的协调发展。选取 Z 县不同污染源的典型分区 2、分区 3、分区 7，并分别对 3 个分区建立排污权分配 SD 模型，基于排污权分配 SD 模型分别对 3 个分区进行仿真，结果表明，分区 2 断面 COD 超标 5.13%，NH_3-N 超标 48.5%，分区 3 断面 COD 达标，NH_3-N 超标 14.0%，分区 7 断面 COD 达标，NH_3-N 超标 18.3%，通过排污权分配系统调控方案概念图，针对 3 个分区不同的特点，分别对 3 个分区进行应急方案和中长期方案共 9 个方案模拟，并且对模拟的结果进行成本效益分析。结果显示对于以分区 2 居民点源为主的区域，中长期方案的优先级为水生态整治、污水处理厂提标、农业种植综合治理、岸边带整治、工矿企业技术改进；对于以分区 3 工业点源为主的区域，中长期调控方案的优先级为污水处理厂提标、水生态整治、农业种植综合整治、岸边带整治；对于以分区 7 农业等面源为主的区域，中长期调控方案的优先级为污水处理厂提标、水生态整治、岸边带整治、生态景观整治、农业种植综合治理。

针对我国排污权分配主要是按各区域生产技术与生产能力进行总量分配，并未考虑将水环境承载力约束、区域发展规划、行业与企业实际发展等因素相结合进行分配。本书采用"区域—水环境功能分区—行业—企业"的分配模型，既充分考虑了不同分区的水环境承载力差异，又在行业层面考虑了当地产业结构、产业布局及政策导向等因素，同时企业层面采用 ZSG-DEA 模型对 17 家化纤织物染整精加工企业排污权分配进行了效率评价，并在分配总量控制的前提下，根据评价结果对排污权分配量进行了重新调整。

第二节　研究展望

水环境承载力研究的一个重要环节就是数据的获取。本书选取的指标类型多样，数据收集困难，而且部分指标数据采取调研的方式获得，存在一定的误差性。在今后的研究中，还需进一步完善水环境承载力评估指标体系，改变指标数据的获取方式。由于目前尚未公开数据共享平台，部分现有数据难以获取，建议加强数据共享平台的建设，更好开展科研工作，为地区可持续发展提供技术支撑。

排污权分配是区域水污染治理政策工具库中的一种。本书只是基于排污权分配探讨该项命令型规制工具的作用机理，但这并不意味着仅仅依靠排污权初始分配就可以完成区域水污染治理任务。实践中应将排污权分配政策与生态补偿政策、税收调控政策、产业转型政策等结合起来进行统筹考虑和评估，持续提升区域水环境治理能力和水平，为水环境质量改善提供可操作的参考模式。

本书主要是在水环境承载力约束下，对目标区域不同水功能分区工业点源允许的排放量进行分配，研究的重点在于"分配"。但目标水功能分区工业点源水污染超排时，不仅应考虑工业点源如何减排的问题，还应考虑如何从其他水功能分区不同源强〔包括点源、农业面源、生活源（城镇生活源、农村生活源）〕进行挖潜与调控，实现目标分区的经济发展与环境质量提升。

参考文献

［1］ Banker R D, Charnes A, Cooper W W. Some models for estimating technical and scale inefficiencies in data envelopment analysis ［J］. Management Science, 1984, 30 (9): 1078-1092.

［2］ Carro L, Herrero R, Barriada J L, de Vicente, M E S. Mercury removal: A physicochemical study of metal interaction with natural materials ［J］. Journal of chemical technology and biotechnology, 2009 (84): 1688-1696.

［3］ Charnes A, Cooper W W, Rhodes E. Measuring the efficiency of decision making units ［J］. European Journal of Operational Research, 1978, 2 (6): 429-444.

［4］ Chen G Q, Ji X. Chemical exergy based evaluation of water quality ［J］. Ecological Modelling, 2007, 200 (1/2): 259-268.

［5］ Christoff P. Ecological modernisation, ecological modernities ［M］ // Stephen Young (ed.) The emergence of ecological modernization: Integrating the environment and the economy, London: Routledge, 2000.

［6］ Cocchia A. Smart and digital city: A systematic. literature review ［M］. Springer International Publishing Switzerland, 2014.

［7］ Coppola D, Lauritano C, Esposito T P, etc. Fish waste: From problem to valuable resource ［J］. Marine Drugs, 2021, 19, 116.

［8］ Ding L, Chen K L, Cheng S G, et al. Water ecological carrying capacity of urban lakes in the context of rapid urbanization: a case study of East

Lake in Wuhan [J] . Physics & Chemistry of the Earth Parts A/b/c, 2015 (89/90): 104-113.

[9] Ding L, Cupples A M. The effect of the potential fuel additive isobutanol on benzene, toluene, ethylbenzene, and p-xylene degradation in aerobic soil microcosms [J] . Environmental Technology, 2015, 36 (2): 237-244.

[10] Feng L H, Zhang X, Luo G. Research on the risk of water shortages and the carrying capacity of water resources in Yiwu, China [J] . Human and Ecological Risk Assessment: An International Journal, 2009, 15 (4): 13.

[11] Feng L H, Zhang X C, Luo G Y. Application of system dynamics in analyzing the carrying capacity of water resources in Yiwu City, China [J] . Mathematics and Computers in Simulation, 2008 (79): 269-278.

[12] Foo K Y, Hameed B H. Insights into the modeling of adsorption isotherm systems [J] . Chemical Engineering Journal, 2010 (156): 2-10.

[13] Gong L, Jin C L. Fuzzy Comprehensive Evaluation for Carrying Capacity of Regional Water Resources [J] . Water Resour Manage, 2009 (23): 2505-2513.

[14] Han R, Tang B J, Fan J L, et al. Integrated weighting approach to carbon emission quotas: an application case of Beiging-Tianjin-Hebei region [J] . Journal of Cleaner Production, 2016 (1): 1-12.

[15] Hsu A, Sheriff G, Chakraborty T, etc. Disproportionate exposure to urban heat island intensity across major US cities [J] . Nature Communications, 2021, 12 (1) .

[16] Hung F S. Optimal composition of government public capital financing [J] . Journal of Macroeconomics, 2005 (27): 704-723.

[17] Janicke M. Die ohnmacht der politik in der industriegesellschaft [J] . Munich/zurich, Piper, 1986.

[18] Janicke M. Preventative Environmental policy as ecological modernization and structural ploicy [D] . Berlin: Wissenschaftszentrum, 1985.

［19］ Jia Z M, Cai Y P, Chen Y, et al. Regionalization of water environmental carrying capacity for supporting the sustainable water resources management and development in China ［J］. Resources, Conservation & Recycling, 2018 (134): 282-293.

［20］ Jiang S, Li J. Global climate governance in the new era: Potential of business actors and technological innovation, ChineseJournal of Population, Resources and Environment, https://doi.org/10.1016/j.cjpre.2021.04.023.

［21］ Jin J L, Wei Y M, Zou L L, et al. Forewarning of sustainable utilization of regional water resources: a model based on BP neural network and set pair analysis ［J］. Natural Hazards, 2012, 62 (1): 115-127.

［22］ Jonathan J, lvoke N, Aguzie I O, etc. Effects of climate change on malaria morbidity and mortality in TarabaState, Nigeria ［J］. African Zoology, 2018, 53 (4): 119-126.

［23］ Kirchstetter T W, Preble C V, Hadley O L, etc. Large reductions in urban black carbon concentrations in the UnitedStates between 1965 and 2000 ［J］. Atmospheric Environment, 2017 (151): 17-23.

［24］ Kong Y C, Zhao T, Yuan R, et al. Allocation of carbon emission quotas in Chinese provinces based on equality and efficiency principles ［J］. Journal of Cleaner Production, 2019 (211): 222-232.

［25］ Lee Z J, Lee C Y. A hybrid search algorithm with heuristicsfor resource allocation problem ［J］. Information Sciences, 2005 (173): 155-167.

［26］ Leonidas C, Santos M A. Family relations in eating disorders: The Genogram as instrument of assessment ［J］. Ciencia & Saude Coletiva, 20 (5): 1434-1446.

［27］ Lewandowski V, Bridi V R C, Bittencourt F, etc. Spatial and temporal limnological changes of an aquaculture area in a neotropical reservoir ［J］. Ann. Limnol. -Int. J. Lim. 2018 (54): 27.

［28］ Li N，Yang H，Wang L C，et al. Optimization of industry structure based on water environmental carrying capacity under uncertainty of the Huai River Basin within Shandong Province，China ［J］. Journal of Cleaner Production，2015（1）：1-11.

［29］ Liu R Z，Alistair G L，Borthwick A. Measurement and assessment of carrying capacity of the environment in Ningbo，China ［J］. Journal of Environmental Management，2011（92）：2047-2053.

［30］ Matondo B N，Seleck E，Dierckx A，etc. What happens to glass eels after restocking in upland rivers? A long-term study on their dispersal and behavioural traits ［J］. Aquatic Conservation - marine and Freshwater Ecosystems，2019（29）：374-388.

［31］ McKindsey C W，Thetmeyer H，Landry T，et al. Review of recent carrying capacity models for bivalve culture and recommendations for research and management ［J］. Aquaculture，2006（261）：451-462.

［32］ Meijer A，Bolivar M P R. Governing the smart city：A review of the literature on smart urban governance ［J］. International Review of Administrative Sciences，2016，82（2）：392-408.

［33］ Miao Z，Geng Y，Sheng J C. Efficient allocation of CO_2 emissions in China：a zero sum gains data envelopment model ［J］. Journal of Cleaner Production，2015（1）：1-7.

［34］ Mol A P J，Sonnenfeld D A. Ecological modernization around the world：Perspectives and critical debates ［J］. Ilford，UK：Frank Cass& Co. Ltd，2000.

［35］ Mol A P J. The refinement of production：Ecological modernization theory and the chemical Industry ［J］. Utrcht：Jan Van Arke 1/International Books，1995.

［36］ Mol A P J. Ecological modernisation：Industrial transformation and environment reform ［M］//Michael Redclift and Graham Woodgate （eds.）The international handbook of environmental sociology. Cheltenham, UK: Edgar Elgar, 1997.

[37] Neun S, Jacob J, Wurl O. Upper ocean responses to the tropical cyclones ida and felicia (2021) in the gulf of Mexico and the Eastern North Pacific [J]. Remote Sensing, 2022, 14 (21).

[38] Nobre A M, Ferreira J G, Nunes J D, etc. Assessment of coastal management options by means of multilayeredecosystem models [J]. Estuarine, Coastal and Shelf Science, 2010 (87): 43-62.

[39] Padilla J T, Selim M. Glyphosate transport in two louisiana agricultural soils: Miscible displacement studies and numerical modeling [J]. Soil Syst, 2018 (2): 53.

[40] Pu J W, Zhao X Q, Miao P P, etc. Integrating multisource RS data and GIS techniques to assist the evaluation of resource-environment carrying capacity in karst mountainous area [J]. Journal of mountain science, 2020, 10 (17): 2528-2547.

[41] Ren C F, Guo P, Li M, et al. An innovative method for water resources carrying capacity research-Metabolic theory of regional water resources [J]. Journal of Environmental Management, 2016 (167): 139-146.

[42] Ren C, Guo P, Li M, et al. An innovative method for theory of regional water resources [J]. Journal of Environmental Management, 2016 (167): 139-146.

[43] Robert O P, Rahman M, Honda K, etc. SnO_2 gas sensors and geoinformatics for air pollution monitoring [J]. Journal of Optoelectronics and Advanced Materials, 2011 (13): 560+564.

[44] Saaty T L, Peniwati K, Shang J S. The analytic hierarchy process and human resource allocation: Halfthe story [J]. Mathematical and Computer Modelling, 2007 (46): 1041-1053.

[45] Sartzetakis. On the efficiency of competitive markets for emission per-

mits [J] . Environmental and Resource Economics, 2004 (27): 1-19.

[46] Sirivithayapakorn S, Limtrakul S. Distribution Coefficient and Adsorption-desorption Rates of di (2-ethylhexyl) Phthalate (DEHP) onto and from the Surface of Suspended Particles in Fresh Water [J] . Water Air Soil Pollut, 2008 (190): 45-53.

[47] Syrodoy S V, Kuznetsov G V, Zhakarevich A V, etc. The influence of the structure heterogeneity on the characteristics and conditions of the coal-water fuel particles ignition in high temperature environment [J] . Combustion and Flame, 2017 (180): 196-206.

[48] Uherek E, Halenka T, Borken-Kleefeld J, etc. Transport impacts on atmosphere and climate: Land transport [J] . Atmospheric Environment 2010 (44): 4772-4816.

[49] Wang C H, Hou Y L, Xue Y J. Water resources carrying capacity of wetlands in Beijing: analysis of policy optimization for urban wetland water resourcesmanagement, Journal of Cleaner Production, 2017, doi: 10.1016/j. jclepro. 2017. 03. 204.

[50] Wang K, Zhang X, Wei Y M, et al. Regional allocation of CO_2 emissions allowance over provinces in China by 2020 [J] . Energy Policy, 2013 (54): 214-229.

[51] Wang T X, Xu S G. Dynamic successive assessment method of water environment carrying capacity and its application [J] . Ecological Indicators, 2015 (52): 134-146.

[52] Wang T, Zhang Z, Li Y Y, Xie G M. Amplified electrochemical detection of meca genein methicillin-resistant Staphylococcus aureus basedon target recycling amplification and isothermalstrand-displacement polymerization reaction [J] . Sensors and Actuators B: Chemical, 2015 (221): 148-154.

[53] Wang Y M, Zhou X D, Engel B. Water environment carrying capacity in Bosten Lake basin [J] . Journal of Cleaner Production, 2018 (199):

574-583.

[54] Wang Z, Luo Y, Zhang M, et al. Quantitative evaluation of sustainable development and eco-environmental carrying capacity in water-deficient regions: A case study in the Haihe River Basin, China [J]. Journal of Integrative Agriculture, 2014, 13 (1): 195-206.

[55] Wang F S, Xu L, Yang F, et al. Assessment of water ecological carrying capacity under the two policies in Tieling City on the basis of the integrated system dynamics model [J]. Science of the Total Environment, 2014, 472: 1070-1081.

[56] Wu L, Su X L, Ma X Y, Kang Y, Jiang Y N, Integrated modeling framework for evaluating and predicting the water resources carrying capacity in a continental river basin of Northwest China [J]. Journal of Cleaner Production, 2018, doi: 10.1016/j.jclepro.2018.08.319.

[57] Xu B, Lin B Q. Reducing carbon dioxide emissions in China's manufacturingindustry: A dynamic vector autoregression approach [J]. Journal of Cleaner Production, 2016 (1): 1-13.

[58] Yang J F, Lei K, Khu S, et al. Assessment of water environmental carrying capacity for sustainable development using a coupled system dynamics approach applied to the Tieling of the Liao River Basin, China [J]. Environ Mental Earth SCI ences, 2015, 73 (9).

[59] Yang Z Y, Song J X, Cheng D D, et al. Comprehensive evaluation and scenario simulation for the water resources carrying capacity in Xi'an city, China [J]. Journal of Environmental Management, 2019 (230): 221-233.

[60] Zeng C, Shao M A, Wang Q J, etc. Effects of land use on temporal-spatial variability of soil water and soil-water conservation [J]. Acta Agriculturae Scandinavica Section B -Soil and Plant Science, 2011 (61): 113.

[61] Zhang J, Zhang C, Shi W, Fu Y, Quantitative Evaluation and Optimized Utilizationof Water Resources - Water Environment Carrying Capacity

based on Nature-Based Solutions ［J］. Journal of Hydrology, 2018, doi: https: //doi. org/10. 1016/j. jhydrol. 2018. 10. 059.

［62］ Zhang Z, Lu W X, Zhao Y, et al. Development tendency analysis and evaluation of the water ecological carrying capacity in the Siping area of Jilin Province in China based on system dynamics and analytic hierarchy process ［J］. Ecological Modelling, 2014（275）: 9-21.

［63］ Zhou C B, Huang H P, Cao A X, etc. Modeling the carbon cycle of the municipal solid waste managementsystem for urbanmetabolism ［J］. Ecol. Model, 2014, http: //dx. doi. org/10. 1016/j. ecolmodel. 2014. 11. 027.

［64］ Zhou P, Zhang L, Zhou D Q, et al. Modeling economic performance of interprovincial CO_2 emission reduction quota trading in China ［J］. Applied Energy, 2013（112）: 1518-1528.

［65］ Zhou X, Fang C Q, Lei W Q, etc. Thermal and crystalline properties of waterborne Polyurethane byin situ water reaction process and the potential application asbiomaterial ［J］. Progress in Organic Coatings, 2017（104）: 1-10.

［66］ 蔡安乐. 水资源承载力浅谈——兼谈新疆水资源适度承载力研究中应注意的几个问题 ［J］. 新疆环境保护, 1994（4）: 190-196.

［67］ 曹丽娟, 张小平. 基于主成分分析的甘肃省水资源承载力评价 ［J］. 干旱区地理, 2017, 40（4）: 906-912.

［68］ 曹敏. 大沽河污染物衰减系数分析研究 ［J］. 水资源与水工程学报, 2016, 27（3）: 128-132.

［69］ 唱彤, 郦建强, 金菊良, 陈磊, 董涛, 陈梦璐, 张浩宇. 面向水流系统功能的多维度水资源承载力评价指标体系 ［J］. 水资源保护, 2020, 36（1）: 44-51.

［70］ 陈丽丽. 基于层次分析法（AHP）的流域排污权初始分配模型研究 ［D］. 南京信息工程大学环境科学与工程学院, 2011.

［71］ 程扬. 湖北省二氧化硫初始排污权分配公平性研究 ［D］. 武汉

科技大学，2012.

　[72] 崔凤军. 城市水环境承载力及其实证研究 [J]. 自然资源学报，1998，13（1）：58-62.

　[73] 德姆塞茨. 财产权利与制度变迁 [M]. 上海：上海三联出版社，1994：97.

　[74] 窦明，胡瑞，张永勇，左其亭，李桂秋. 淮河流域水资源承载能力计算及调控方案优选 [J]. 水力发电学报，2010，29（6）：28-35+59.

　[75] 窦明，左其亭，胡瑞，李桂秋. 淮河流域水环境综合承载能力 [J]. 水科学进展，2010，21（2）：248-254.

　[76] 冯帅，李叙勇，邓建才. 太湖流域上游平原河网污染物综合衰减系数的测定 [J]. 环境科学学报，2017，37（3）：878-887.

　[77] 傅京燕，黄芬. 中国碳交易市场 CO_2 排放权地区间分配效率研究 [J]. 中国人口·资源与环境，2016，26（2）：1-9.

　[78] 高慧慧，徐得潜. 公平条件下水污染物排污权免费分配模型研究 [J]. 工程与建设，2009（6）：299-301.

　[79] 郭怀成，唐剑武. 城市水环境与社会经济可持续发展对策研究 [J]. 环境科学学报，1995（3）：363-369.

　[80] 侯丽敏，岳强，王彤. 我国水环境承载力研究进展与展望 [J]. 环境保护科学，2015，41（4）：104-108.

　[81] 胡瑞，左其亭. 淮河流域水资源现状分析及承载能力研究意义 [J]. 水资源与水工程学报，2008（5）：65-68.

　[82] 胡溪，刘年磊，蒋洪强，刘洁. 基于环境质量标准的长江经济带水环境承载力评价 [J]. 环境保护，2018，46（21）：36-40.

　[83] 黄薇，陈进. 流域水资源评价广义指标体系研究 [J]. 长江科学院院报，2005（4）：22-25.

　[84] 惠泱河，蒋晓辉，黄强，薛小杰. 水资源承载力评价指标体系研究 [J]. 水土保持通报，2001（1）：30-34.

　[85] 李高伟，韩美，刘莉，赵小萱，于佳. 基于主成分分析的郑州

市水资源承载力评价［J］. 地域研究与开发，2014，33（3）：139-142.

［86］李建豹，黄贤金，揣小伟，等. 基于碳排放总量和强度约束的碳排放配额分配研究［J］. 干旱区资源与环境，2020，34（12）：72-77. DOI：10.13448/j.cnki.jalre.2020.330.

［87］李寿德，仇胜萍. 排污权交易思想及其初始分配与定价问题研究［J］. 科学学与科学技术管理，2002（1）：69-71.

［88］李寿德，黄桐城. 交易成本条件下初始排污权免费分配的决策机制［J］. 系统工程理论方法应用，2006（8）：318-324.

［89］李寿德，王家祺. 初始排污权不同分配下的交易对市场结构的影响研究［J］. 武汉理工大学学报（交通科学与工程版），2004（2）：40-43.

［90］廖文根. 关于"引江济太"改善太湖流域水环境的思考［J］. 中国水利，2001（10）：67-68.

［91］林坦，宁俊飞. 基于零和 DEA 模型的欧盟国家碳排放权分配效率研究［J］. 数量经济技术经济研究，2011，28（3）：36-50. DOI：10.13653/j.cnki.jqte.2011.03.002.

［92］刘定惠，杨永春. 区域经济—旅游—生态环境耦合协调度研究——以安徽省为例［J］. 长江流域资源与环境，2011，20（7）：892-896.

［93］刘君华. 排污权交易的初始分配问题研究［D］. 湖南大学，2010.

［94］麻德明，石洪华，丰爱平. 基于流域单元的海湾农业非点源污染负荷计算——以莱州湾为例［J］. 生态学报，2014，34（1）：173-181.

［95］梅林海，戴金满. IPO 定价机制在排污权初始分配中应用的研究［J］. 价格月刊，2009（9）：33-36.

［96］苗壮，周鹏，李向民. 借鉴欧盟分配原则的我国碳排放额度分配研究——基于 ZSG 环境生产技术［J］. 经济学动态，2013（4）：89-98.

［97］诺斯. 经济史中的结构与变迁［M］. 上海：上海三联出版社，

1991：21.

　　[98] 潘伟，吴婷，王凤侠．中国行业碳排放分配效率研究［J］．统计与决策，2015（18）：142-144. DOI：10. 13546/j. cnki. tjyjc. 2015. 18. 039.

　　[99] 配杰威齐．财产权利与制度变迁［M］．上海：上海三联出版社，1994：204.

　　[100] 饶从军，赵勇．基于统一价格价格拍卖的初始排污权分配方法［J］．数学的实践与认识，2011，41（3）：48-54.

　　[101] 施圣炜，黄桐城．期权理论在排污权初始分配中的应用［J］．中国人口·资源与环境，2005，15（1）：52-55.

　　[102] 宋玉柱，高岩．关联污染物的初始排污权的免费分配模型［J］．上海第二工业大学学报，2006（3）：194-199.

　　[103] 孙耀华，何爱平，彭硕毅，杨叶飞．碳强度减排指标约束下碳排放权的省际分配效率研究［J］．统计与信息论坛，2019，34（6）：74-81.

　　[104] 汤奇成，张捷斌．西北干旱地区水资源与生态环境保护［J］．地理科学进展，2001（3）：226-232.

　　[105] 童纪新，顾希．基于主成分分析的南京市水资源承载力研究［J］．水资源与水工程学报，2015，26（1）：122-125.

　　[106] 万炳彤，赵建昌，鲍学英，李爱春．基于 SVR 的长江经济带水环境承载力评价［J］．中国环境科学，2020，40（2）：896-905.

　　[107] 汪恕诚．水环境承载能力分析与调控［J］．水利发展研究，2002（2）：2-6.

　　[108] 王建华，江东，顾定法，齐文虎，唐青蔚．基于 SD 模型的干旱区城市水资源承载力预测研究［J］．地理学与国土研究，1999（2）：19-23.

　　[109] 王建华，姜大川，肖伟华，陈琰，胡鹏．水资源承载力理论基础探析：定义内涵与科学问题［J］．水利学报，2017，48（12）：1399-1409.

　　[110] 王柯柯．长江上游城市群水资源—水环境承载力综合评价及耦

合协调性研究〔D〕. 华中师范大学, 2022.

〔111〕王雅娟, 王先甲. 多单位组合拍卖在排污权初始分配中的应用〔J〕. 中国农村水利水电, 2015（9）: 194-197.

〔112〕王勇, 贾雯, 毕莹. 效率视角下中国 2030 年二氧化碳排放峰值目标的省区分解——基于零和收益 DEA 模型的研究〔J〕. 环境科学学, 2017, 37（11）: 4399-4408. DOI: 10.13671/j.hjkxxb.2017.0348.

〔113〕王友贞, 施国庆, 王德胜. 区域水资源承载力评价指标体系的研究〔J〕. 自然资源学报, 2005（4）: 597-604.

〔114〕吴亚琼, 赵勇, 吴相林, 岳超源. 污染物排放总量分配的机制设计方法研究〔J〕. 管理工程学报, 2004（4）: 65-68.

〔115〕熊建新, 陈端吕, 彭保发, 邓素婷, 谢雪梅. 洞庭湖区生态承载力系统耦合协调度时空分异〔J〕. 地理科学, 2014, 34（9）: 1108-1116.

〔116〕许有鹏. 干旱区水资源承载能力综合评价研究——以新疆和田河流域为例〔J〕. 自然资源学报, 1993（3）: 229-237.

〔117〕严子奇, 夏军, 左其亭, 张永勇. 淮河流域水环境承载能力计算系统的构建〔J〕. 资源科学, 2009, 31（7）: 1150-1157.

〔118〕杨维, 刘萍, 郭海霞. 水环境承载力研究进展〔J〕. 中国农村水利水电, 2008, 3（12）: 66-69.

〔119〕叶维丽, 文宇立, 郭默, 等. 基于数据包络分析的水污染物排放指标初始分配方法与案例研究〔J〕. 环境污染与防治, 2014, 36（10）: 102-105+110. DOI: 10.15985/j.cnki.1001-3865.2014.10.048.

〔120〕易永锡, 李寿德, 李峻. 基于社会最优的初始排污权分配方式研究〔J〕. 上海管理科学, 2012, 34（5）: 95-98.

〔121〕余卫东, 闵庆文, 李湘阁. 水资源承载力研究的进展与展望〔J〕. 干旱区研究, 2003（1）: 60-66.

〔122〕曾华彬. 基于 PAC 和 DEA 模型的排污权初始方式研究〔D〕. 浙江理工大学, 2011.

〔123〕张晨, 赵言文, 于莉, 徐涛. 烟台市牟平区生态承载力研究

［J］．水土保持通报，2012，32（4）：271-275.

［124］张桂英．控制农业面源污染 促进农业可持续发展［J］．现代农业，2010（7）：27-28.

［125］张颖，王勇．我国排污权初始分配的研究［J］．生态经济，2006（1）：50-53.

［126］赵海霞．不同市场条件下的初始排污权免费分配方法的选择［J］．生态经济，2007（6）：51-53.

［127］赵良仕，冷明祥，孙才志．基于多维产出 ZSG-DEA 模型的中国水资源污染综合分配效率测算［J］．水资源保护，2021，37（6）：94-102.

［128］赵文会，高岩，戴天晟．初始排污权分配的优化模型［J］．系统工程，2007（6）：57-61.

［129］郑立群．中国各省区碳减排责任分摊——基于零和收益 DEA 模型的研究［J］．资源科学，2012，34（11）：2087-2096.

［130］钟蓉，张庭婷，谢晓敏，等．基于 ZSG-DEA 模型的上海六大行业碳排放权分配效率研究［J］．生态经济，2018，34（2）：37-41.

［131］周雯．广州市二氧化硫初始排污权分配研究——以火电行业为例［D］．华南理工大学，2013.

［132］朱湖根，张华发，吴保进．试论淮河流域水环境承载力的脆弱性［J］．合肥工业大学学报（自然科学版），1997（5）：65-71.

［133］邹辉，段学军．长江经济带资源环境承载力评估与可持续发展策略［C］.2016 第六届海峡两岸经济地理学研讨会摘要集，2016：19.

［134］邹伟进，朱冬元，龚佳勇．排污权初始分配的一种改进模式［J］．经济理论与经济管理，2009（7）：39-44.